技術士技能檢定

電腦軟體應用
丙級學科試題解析
Computer Software Application

序

　　本研究室截至 113 年末針對電腦軟體應用丙級學科題目，修訂方向主要是 90006~90008 共同科目（114/01/01 起報檢者適用）之修訂版本。截稿之前，仍再次下載公告試題比對，確保本書收錄最新版本內容。

　　電腦軟體應用命題委員們都是本領域專家及學者，仍非常敬業不定期修改題庫，本研究團隊亦會秉持專業精神，蒐集讀者回饋及追蹤學科題庫變化。若有疏漏之處，仍請各位老師及考生不吝直接回饋碁峰資訊指正本書錯誤之處，我們將會儘速在下一版修訂，再次感謝大家對本書的支持。

林文恭研究室
113/12

目錄

1 工作項目　電腦概論 1

2 工作項目　應用軟體使用 34

3 工作項目　系統軟體使用 40

4 工作項目　資訊安全 66

90006 職業安全衛生共同科目 82

90007 工作倫理與職業道德共同科目 91

90008 環境保護共同科目 103

90009 節能減碳共同科目 112

90011 資訊相關職類共用工作項目 122

本書試題為勞動部勞動力發展署技能檢定中心公告試題，試題版權為原出題著作者所有。

電腦概論

1. ( ) 下列關於「個人電腦所使用之記憶體」的敘述中,何者是錯誤的? (3)
(1)軟碟與磁帶均屬於輔助記憶體 (2)ROM 常用來存放系統程式 (3)ROM 中之資料僅能存入,不能被讀出 (4)電腦關機後,RAM 內部所儲存之資料會消失。

> **解析** ROM(唯讀記憶體)中之資料僅能讀出,不能被寫入,所以常用來存放啟動系統的系統程式。

2. ( ) 金融機構所提供之「提款卡」,可提供使用者進行提款之作業,則該提款卡此方面之資料處理作業上係屬於 (4)
(1)輸出設備 (2)輸出媒體 (3)輸入設備 (4)輸入媒體。

> **解析** ATM 讀取提款卡的磁條或晶片中資料,並核對密碼,辨識使用者身份,所以是屬於輸入媒體之一。

3. ( ) 下列何者之傳輸速度最快? (2)
(1)電話線 (2)光纖 (3)同軸電纜 (4)雙絞線。

> **解析** 傳輸媒介速度:光纖 > 雙絞線 > 同軸電纜 > 電話線。

4. ( ) 下列何者為資料傳輸速度的單位? (3)
(1)BPI (2)CPI (3)BPS (4)CPS。

> **解析**
> (1) BPI:bit per inch 指每英吋上位元數。
> (2) CPI:characters per inch 指每英吋字元數,字元/英吋。
> (3) BPS:bit per second 指每秒傳輸位元數。
> (4) CPS:characters per second 指點陣式印表機每分鐘列印字數。

5. ( ) 在 ASCII Code 的表示法中,下列之大小關係何者為錯誤者? (1)
(1)A>B>C (2)c>b>a (3)3>2>1 (4)p>g>e。

> **解析**
>
> | 符號 | ASCIICode |
> |---|---|
> | A | 65 |
> | B | 66 |
> | C | 67 |
> | a | 97 |
> | b | 98 |
> | c | 99 |
> | 1 | 49 |
> | 2 | 50 |
> | 3 | 51 |
> | e | 101 |
> | g | 103 |
> | p | 112 |

6. ( ) 以 ASCIICode 儲存字串"PC-586",但不包含引號",共需使用多少位元組之記憶體空間? (4)
(1)1 (2)2 (3)3 (4)6。

> **解析** "PC-586"共有六個符號,故需要六個位元組之記憶體空間。

7. （ ）以下哪種裝置只能做為輸出設備使用，無法做為輸入設備使用？　(1)印表機　(2)鍵盤　(3)觸摸式螢幕　(4)光筆。　　(1)

解析　輸出設備：印表機
輸入設備：鍵盤、光筆
輸出入設備：觸摸式螢幕

8. （ ）在微電腦系統中，要安裝週邊設備時，常在電腦主機板上安插一硬體配件，以便系統和週邊設備能適當溝通，其中該配件名稱為何？　(1)介面卡　(2)讀卡機　(3)繪圖機　(4)掃描器。　　(1)

9. （ ）表示 0 到 9 的十進制數值，至少需要幾個二進位位元？　(1)4　(2)3　(3)2　(4)1。　　(1)

解析　因為 $2^4=16$，4 個位元可以表示 0~15。

10. （ ）以「http://www.labor.gov.tw」來表示，則下列何者代表國家或地理區域之網域？　(1)www　(2)labor　(3)gov　(4)tw。　　(4)

解析　網址格式為「主機名稱.網域名稱」。其中 www 代表主機名稱，labor.gov.tw 代表網域名稱。網域名稱中通常第一段為機構網域，例如 labor 為勞委會中部辦公室，第二段為組織之網域，例如 gov 為政府單位、com 為商業機構，第三段為國家地理區域之網域。

11. （ ）以下哪一個為圖形檔的副檔名？　(1).HTML　(2).DOC　(3).GIF　(4).EXE。　　(3)

解析　(1) .HTML：網頁檔　　(2) .DOC：Word 文件檔
(3) .GIF：圖形檔　　(4) .EXE：可執行檔。

12. （ ）下列何者為計算機的心臟，且由控制單元與算術邏輯單元所組成？　(1)ALU　(2)CU　(3)Register　(4)CPU。　　(4)

解析　(1) ALU 算術邏輯單元
(2) CU 控制單元
(3) Register 暫存器
(4) CPU 中央處理器：由 ALU 算術邏輯單元及 CU 控制單元組合。

13. （ ）下列有關「記憶體」之敘述中，何者錯誤？　(1)隨機存取記憶體(RAM)可讀取且可寫入　(2)唯讀記憶體(ROM)只能讀取，但不可寫入　(3)一般而言，主記憶體指的是 RAM　(4)ROM 儲存應用程式，且電源關閉後，所儲存的資料將消失。　　(4)

解析　ROM 儲存應用程式且電源關閉後，所儲存的資料不會消失，因為資料直接燒入 ROM 中。

工作項目 1 電腦概論

14. (3) 設 B=5，C=10，則計算 A=B+C 時，控制單元是到何處取出代表 B 及 C 之值，再送到 ALU 相加？
    (1)輸入單元　(2)CPU　(3)記憶體　(4)輸出單元。

15. (2) CPU 必先將要存取的位址存入何處，才能到主記憶體中存取資料？
    (1)資料暫存器　(2)位址暫存器　(3)輸出單元　(4)指令暫存器。

    解析
    (1) 資料暫存器：資料暫存器即用來存放資料的地方。
    (2) 位址暫存器：用來記錄資料存放在記憶體的位址。
    (4) 指令暫存器：通常設置在控制單元內，用來存放目前被執行的指令。

16. (2) 硬式磁碟機為防資料流失或中毒，應常定期執行何種工作？
    (1)查檔　(2)備份　(3)規格化　(4)用清潔片清洗。

17. (4) 1258291Bytes 約為？
    (1)1.2KB　(2)1.2GB　(3)121KB　(4)1.2MB。

    解析 1258291÷(1024*1024)=1.1999≒1.2

18. (4) 以「hello@mymail.com.tw」來表示，@的左邊「hello」代表的是
    (1)個人的網址　(2)個人的姓名　(3)個人的密碼　(4)個人的帳號。

    解析 Internet 電子郵件地址：郵件帳號名稱 @ 主機名稱.主機地址。

19. (2) 電子郵件允許你發送訊息到？
    (1)只有在相同網域的使用者　(2)可以在相同或不同網域的使用者　(3)只可以發給認識的人　(4)只可以發給通訊錄上的人。

20. (4) 下列關於「RAM」的敘述中，哪一項是錯誤的？
    (1)儲存的資料能被讀出　(2)電源關掉後，所儲存的資料內容都消失　(3)能寫入資料　(4)與 ROM 的主要差別在於記憶容量大小。

    解析 RAM 與 ROM 的主要差別在於前者可以寫入資料，後者則否，與容量大小無關。

21. (3) 在接收郵件時，若郵件上出現「迴紋針」符號，表示此封郵件
    (1)為「急件」　(2)為「已刪除」郵件　(3)含有「附加檔案」的郵件　(4)帶有病毒的郵件。

    解析 若郵件上出現「迴紋針」符號，表示此封郵件含有「附加檔案」的郵件。若郵件上出現「！」符號，表示此封郵件為「急件」。

22. (4) 要查閱儲存在電腦縮影膠片的資料，可利用下列哪一種裝置？
    (1)光學字體閱讀機(OCR Reader)　(2)條碼閱讀機(Bar Code Reader)　(3)讀卡機　(4)放大顯示閱讀機(Magnifying Display Viewer)。

    解析 電腦縮影膠片須透過放大顯示閱讀機來閱讀。

23. (2) 資料傳輸時可作雙向傳輸,但無法同時雙向傳輸的傳輸方法為何?
(1)單工 (2)半雙工 (3)多工 (4)全雙工。

> **解析**
> 全雙工:同時交互傳送及接收資料,如電話。
> 半雙工:當傳送時停止接收,當接收時停傳送,如無線電手機。
> 單工:僅能單一方向傳輸資料,如廣播。
> 多工:指一部電腦具備同時執行 2 個以上的程式能力。

24. (4) 下列何者不屬於區域網路的標準?
(1)Ethernet (2)Token Ring (3)ARCnet (4)Seednet。

> **解析**
> Seednet 為數位聯合數據公司(原資策會)的網際網路,不是區域網路的標準。
> Ethernet:通訊協定是採 IEEE 802.3 標準。
> Token Ring:通訊協定是採 IEEE 802.5 標準。
> ARCnet:通訊協定是採 Datapoint Arcnet 標準。

25. (4) 在各種多媒體播放程式下,下列何種檔案非屬可播放的音樂檔案類型?
(1).mp3 (2).wav (3).mid (4).jpg。

> **解析**
> .jpg 為圖形檔。

26. (2) 「十進制數的 17」等於十六進制數的多少?
(1)17 (2)11 (3)10 (4)21。

> **解析**
> $(17)_{10} = 1 \times 16^1 + 1 \times 16^0 = (11)_{16}$

27. (4) 作業系統提供了一個介於電腦與使用者之間的一個界面,其中該作業系統係包含了下列何種功能,使得使用者不需關心檔案之儲存方式與位置?
(1)保護系統 (2)輸出入系統 (3)記憶體管理系統 (4)檔案管理系統。

> **解析**
> 作業系統的主要系統資源管理功能有處理管理或行程管理、記憶體管理、設備管理及檔案管理等系統資源分配管理。

28. (3) 印表機通常可以連接在主機的何處?
(1)COM1 (2)COM2 (3)LPT1 (4)Game port。

> **解析**
> (1) COM1 是序列傳輸埠
> (2) COM2 是序列傳輸埠
> (3) LPT1:是印表機的連接埠
> (4) Game port:是遊戲機搖桿的連接埠。
>
> ※印表機的資料傳輸方式為平行傳輸,一次傳送數個位元資料,因此要連接到 LPT1。

29. (2) 螢幕的信號線插頭須插在主機的何處?
(1)LPT1 (2)顯示卡接頭 (3)Game port (4)COM1。

> **解析**
> (1) LPT1:是印表機的連接埠
> (2) 顯示卡接頭
> (3) Game port:是遊戲機搖桿的連接埠
> (4) COM1 是序列傳輸埠。

30. (1) 在接收郵件時，若郵件上出現紅色「！」符號，表示此封郵件 (1)為「急件」 (2)帶有病毒的郵件 (3)含有「附加檔案」的郵件 (4)為「已刪除」郵件。

解析 若郵件上出現「迴紋針」符號，表示此封郵件含有「附加檔案」的郵件。若郵件上出現「！」符號，表示此封郵件為「急件」。

31. (3) 下列何者不是CPU內控制單元的功能？
(1)讀出程式並解釋 (2)控制程式與資料進出主記憶體 (3)計算結果並輸出 (4)啟動處理器內部各單元動作。

解析 電腦的計算功能由ALU單元負責，輸出工作由I/O單元負責。

32. (4) 處理機與週邊裝置間之訊息溝通並不通過下列哪一部份？
(1)通道(Channel) (2)匯流排(Bus) (3)界面線路(Interface Circuit) (4)浮點運算處理器(Floating Point Coprocessor)。

解析 浮點運算處理器(Floating Point Coprocessor)是輔助CPU進行數學運算之用。

33. (1) 繪圖機是屬於何種裝置？
(1)輸出裝置 (2)記憶裝置 (3)處理裝置 (4)輸入裝置。

34. (1) 雷射印表機是一種
(1)輸出設備 (2)輸入裝置 (3)利用打擊色帶印字機器 (4)撞擊式印表機。

35. (4) 下列何者可以分擔部份CPU的浮點計算工作，以提高系統的速度？
(1)快取記憶體控制器(Cache Controller) (2)前端處理器(Front-End Processor)
(3)磁碟控制器(Disk Controller) (4)協同處理機(Coprocessor)。

解析 浮點運算處理器(Floating Point Coprocessor)是輔助CPU進行數學運算之協同處理機。

36. (4) CPU中的控制單元主要功能在控制電腦的動作，下列何者不是控制單元所執行的動作？
(1)控制 (2)解碼 (3)執行 (4)計算。

解析 算術邏輯單元：負責電腦內部之算術運算（＋、－、×、÷）及邏輯運算（AND、OR）。
控制單元：負責解碼、指揮及控制各單元的運作，它會適時發送出控制訊號，使電腦系統能正確的執行指令。

37. (2) 「CPU 80586」具64位元的資料匯流排及32位元的位址匯流排，其可定址的最大線性記憶體空間為
(1)1GB (2)4GB (3)8GB (4)16GB。

解析 $2^{32} = 2^2 \times 2^{30} = 4G$，（$2^{10}=1K$、$2^{20}=1M$、$2^{30}=1G$）。

38. ( ) Internet 是採用下列何種通訊協定？ (1)
    (1)TCP/IP　(2)ISO 的 OSI　(3)X.25　(4)HDLC。

    解析　OSI：開放系統介面。
    X.25：資料終端設備通訊協定。
    HDLC：High-level Data Link Control 一種同步串列式傳輸協定。
    TCP/IP：internet 通訊協定。

39. ( ) 通常電腦內部表示負的整數是用 (1)
    (1)2 的補數表示法　(2)8 的補數表示法　(3)10 的補數表示法　(4)9 的補數表示法。

40. ( ) 一個邏輯閘，若有任一輸入為 1 時，其輸出為 0，則此邏輯閘為 (3)
    (1)XOR 閘　(2)AND 閘　(3)NOR 閘　(4)OR 閘。

    解析　(1) XOR 閘：若兩個輸入相同時，其輸出為 0，反之則輸出為 1。
    (2) AND 閘：若有任一輸入為 0 時，其輸出為 0。
    (3) NOR 閘：若有任一輸入為 1 時，其輸出為 0。
    (4) OR 閘：若有任一輸入為 1 時，其輸出為 1。

41. ( ) 二進制數值 1101001 轉換為十六進制時，其值為 (1)
    (1)69　(2)39　(3)8A　(4)7A。

    解析　$(110\ 1001)_2=(0110)(1001)_2=(69)_{16}$

42. ( ) 磁帶是採用下列哪一種存取方式？ (3)
    (1)索引存取　(2)直接存取　(3)循序存取　(4)隨機存取。

43. ( ) 下列何者為撞擊式印表機？ (3)
    (1)靜電式　(2)噴墨式　(3)點陣式　(4)雷射式。

44. ( ) 小明想查詢網際網路(Internet)上有關旅遊的網站，您建議他最好應該如 (3)
    何做？
    (1)買一本 Internet Yellow Page　(2)購買旅遊雜誌　(3)使用搜尋引擎尋找　(4)接收 E-MAIL。

45. ( ) 「創新小點子」商店，想藉由網際網路(Internet)提供世界各地的客戶預訂產品，他 (2)
    們應該架設何種系統？
    (1)FTP 伺服器　(2)WWW 伺服器　(3)DNS 伺服器　(4)Mail 伺服器。

46. ( ) 所謂「32 位元個人電腦」之 32 位元是指 CPU 的 (3)
    (1)控制匯流排　(2)位址匯流排　(3)資料匯流排　(4)輸入／輸出匯流排　為 32 位元。

47. ( ) 以下哪一種設備是輸出裝置？ (3)
    (1)滑鼠　(2)鍵盤　(3)繪圖機(Plotter)　(4)光筆。

48. ( ) 電腦最基本的運算方式為何？ (1)
    (1)加法　(2)除法　(3)減法　(4)乘法。

工作項目 1 電腦概論

49. (3) 下列資料單位何者為由小而大順序排列？
(1)GB TB KB MB　(2)TB MB GB KB　(3)KB MB GB TB　(4)MB KB GB TB。

解析 KB＜MB＜GB＜TB

50. (3) 英文字母「A」的 10 進制 ASCII 值為 65，則字母「Q」的 16 進制 ASCII 值為
(1)73　(2)81　(3)51　(4)50。

解析 字母「Q」的 16 進制 ASCII 值為 51。

51. (3) 1101111001 之 2 的補數為下列何者？
(1)1111111001　(2)1101111010　(3)0010000111　(4)0010000110。

解析 1101111001 先取 1's 的補數為 0010000110，再加上 1 為 0010000111。

52. (2) 「資料緩衝區(Data Buffer)」的作用為何？
(1)防止因斷電所造成之資料流失　(2)暫存資料，以做後續處理　(3)增加硬碟(Hard Disk)之容量　(4)避免電腦當機。

53. (2) 在網際網路(Internet)上，用什麼來識別電腦？
(1)URL　(2)IP Address　(3)computer ID　(4)computer name。

解析 每一部電腦均有唯一識別的 IP Address。

54. (1) 下列何者會影響電腦執行數值運算的速度？
(1)CPU 的速度　(2)硬式磁碟機存取資料的速度　(3)電流強弱　(4)打字員的打字速度。

55. (1) 下列何者為主機與週邊設備溝通時不可或缺之管道？
(1)匯流排(Bus)　(2)音效卡　(3)9-Pin 接頭　(4)電話線。

56. (4) 若網址列以「https」作為網址開頭，則該網站採用下列何種技術建立安全通道？
(1)DES　(2)RSA　(3)SET　(4)SSL。

57. (2) 下列何者是決定印表機列印品質的最重要因素？
(1)與主機連接介面　(2)DPI(Dot per Inch)的大小　(3)緩衝區(Buffer)大小　(4)送紙方面。

解析 DPI(Dot per Inch)計算列表機解析度，每一英吋可列印的點數。一般表示方法為 600dpi × 600dpi。解析度愈高，列印品質愈佳，但也會影響列印速度及增加耗材使用。

58. (2) 哪一種服務可將「Domain Name」對應為「IP Address」？
(1)WINS　(2)DNS　(3)DHCP　(4)Proxy。

解析
(1) WINS：微軟開發網域服務系統。
(2) DNS：根據網址來查出 IP 位址，並回報給用戶端。
(3) DHCP：它的主要功能是讓一部機器能夠透過自己的 Ethernet Address 廣播，向 DHCP server 取得有關 ip、netmask、default gateway、dns 等設定。
(4) Proxy：代理伺服器。

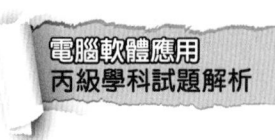

59. ( ) 電腦的哪一個部份負責從主記憶體讀取並解釋指令？ (1)
(1)控制單元 (2)主記憶體 (3)輸出／入單元 (4)算術邏輯單元。

60. ( ) 二進制數值「00001101」之「1的補數」為何？ (2)
(1)11110011 (2)11110010 (3)10001101 (4)00001110。

> **解析** 1的補數的作法是將1換成0、0換成1。

61. ( ) 評量點矩陣印表機速度的單位是 (2)
(1)DPI(Dot Per Inch) (2)CPS(Character Per Second) (3)BPS(Bit Per Second)
(4)BPI(Byte Per Inch)。

> **解析**
> DPI：每英吋點數，為印表機解析度
> CPS：每秒字元數，為印表機列印速度
> BPS：每秒位元數，為資料傳輸速度
> BPI：每英吋位元組數，為磁帶儲存密度

62. ( ) 下列何者屬於輸出裝置？ (2)
(1)數位板 (2)終端顯示器 (3)鍵盤 (4)滑鼠。

> **解析** 數位板為輸入裝置。

63. ( ) 磁碟機讀寫頭移到正確磁軌所花的時間稱為 (1)
(1)找尋時間(Seek Time) (2)設定時間(Setting Time)
(3)資料傳輸速率(Data Transfer Rate) (4)延遲時間(Latency)。

> **解析** 磁碟存取時間=磁軌找尋時間+旋轉延遲時間+資料傳輸時間

64. ( ) 一般高速印表機之印表速度的計量單位為何？ (4)
(1)TPI (Track Per Inch) (2)CPS (Character Per Second)
(3)DPI (Dot Per Inch) (4)LPS (Line Per Second)。

> **解析** 低速印表機速度單位是CPS(每秒字數)，而高速印表機速度單位為LPS(每秒列印行數)或PPM(Page per Minute，每分鐘列印頁數)。DPI (Dot Per Inch)是列印解析度單位。

65. ( ) 「同位檢查 (Parity Checking)」是一項資料錯誤檢查的技術，下列何者不具有「偶同位性」？ (3)
(1)111111110 (2)101110000 (3)011110100 (4)011100001。

> **解析** 偶同位性表示位元中要有偶數個1，才符合「偶同位性」。奇同位性表示位元中要有奇數個1，才符合「奇同位性」。

66. ( ) 下列中文輸入法中，何者不是注音符號輸入法之衍生方法？ (3)
(1)漢音輸入法 (2)輕鬆輸入法 (3)嘸蝦米輸入法 (4)國音輸入法。

> **解析** 嘸蝦米輸入法不僅考慮聲符，還須考慮字形。

67. ( ) 電腦名詞「BBS」是指　　　　(2)
(1)電子郵件　(2)電子佈告欄　(3)區域網路　(4)網際網路。

解析：(1)電子郵件 email (2)電子佈告欄 BBS (3)區域網路 LAN (4)網際網路 internet

68. ( ) 電腦終端機的畫面發生上下跳動時，可調整下列哪一個旋轉鈕以使畫面恢復穩定？　　　　(2)
(1)V-WIDTH　(2)V-HOLD　(3)BRIGHT　(4)V-SIZE。

解析：
(1) V-WIDTH 垂直寬度調整　　(2) V-HOLD 垂直穩定
(3) BRIGHT 亮度調　　(4) V-SIZE 垂直長度調整

69. ( ) I/O 裝置、CPU 與記憶體間之資料傳送，經由系統匯流排傳送，下列何者不是系統匯流排？　　　　(3)
(1)資料匯流排　(2)位址匯流排　(3)通用匯流排　(4)控制匯流排。

解析：
電腦中常見匯流排如下：
Data Bus(資料匯流排)：資料匯流排數是資料之排線數，可雙向傳輸。
Address Bus(位址匯流排)：只能單向傳輸，它的排線數可推算出有效的定址空間數。
Control Bus(控制匯流排)：只能單向傳輸，由 CPU 發出對其它部門元件的控制訊號。

70. ( ) 微處理器與外部連接之各種訊號匯流排，何者具有雙向流通性？　　　　(1)
(1)資料匯流排　(2)狀態匯流排　(3)控制匯流排　(4)位址匯流排。

71. ( ) 下列何種網路的應用可呈現圖片、語音、動畫的效果？　　　　(4)
(1)BBS　(2)Eudora　(3)FTP　(4)WWW。

72. ( ) 在 Internet 上的每一台電腦主機都有一個唯一的識別號，這個識別號就是　　　　(3)
(1)CPU 編號　(2)帳號　(3)IP 位址　(4)PROXY。

解析：每一部電腦均有唯一識別的 IP Address。

73. ( ) IP 位址通常是由四組數字所組成的，每組數字之範圍為何？　　　　(3)
(1)0~999　(2)0~127　(3)0~255　(4)0~512。

74. ( ) 十進制數 (60.875) 以二進制表示為何？　　　　(3)
(1)110110.111　(2)101110.110　(3)111100.111　(4)110100.110。

解析：$60.875=1\times 2^5+1\times 2^4+1\times 2^3+1\times 2^2+0\times 2^1+0\times 2^0+1\times 2^{-1}+1\times 2^{-2}+1\times 2^{-3}$

75. ( ) 二進制數 1011 1001 1100 0011 以十六進制表示為何？　　　　(3)
(1)C9E3　(2)A9D3　(3)B9C3　(4)C8E4。

解析：$(1011\ 1001\ 1100\ 0011)_2=(1011)(1001)(1100)(0011)_2=(B9C3)_{16}$

76. ( ) 下列哪一種記憶體內的資料會隨電源中斷而消失？　　　　(1)
(1)RAM　(2)ROM　(3)PROM　(4)EPROM。

解析：ROM 儲存應用程式且電源關閉後，所儲存的資料不會消失，因為資料直接燒入 ROM 中。PROM 可寫入一次的 ROM。EPROM 可以多次寫入 ROM。

77. ( ) 一般若要使用 Internet，為了安全性與保密性，必須要有密碼及　　　　(1)
(1)帳號　(2)信用卡號　(3)身份證字號　(4)學號　才能進入。

78. ( ) 將軟體程式利用硬體電路方式儲存於 ROM、PROM 或 EPROM 中，此種「微程式規劃(Micro-programming)」技術，我們稱之為 (4)
(1)硬體　(2)軟電路　(3)軟體　(4)韌體。

解析 韌體是介於軟體與硬體之間。

79. ( ) 假設某一 CPU 共有 20 條位址線，請問可定址出之實體記憶空間為 (1)
(1)1MB　(2)512KB　(3)16MB　(4)64KB。

解析 2^{20}=1M

80. ( ) 二進位編碼所組成的資料在運用時，通常會另加一個 bit，用來檢查資料是否正確，此 bit 稱為 (3)
(1)check bit　(2)extended bit　(3)parity bit　(4)redundancy bit。

81. ( ) RS-232C 介面是屬於 (1)
(1)序列式介面　(2)顯示介面　(3)搖桿介面　(4)並列式介面。

82. ( ) 在主記憶體中，提供程式執行輸入或輸出敘述，存取資料記錄的暫時儲存區，稱之為 (1)
(1)緩衝區　(2)記錄區　(3)磁區　(4)控制區。

83. ( ) 條碼閱讀機屬於　(1)輸出設備　(2)CPU　(3)輸入設備　(4)記憶設備。 (3)

84. ( ) 下列兩個八進位數值之和為何？(23.4)+ (56.4)= (2)
(1)(66.0)　(2)(102.0)　(3)(79.8)　(4)(515.10)。

解析 $(23.4)_8$+ $(56.4)_8$=$(102.0)_8$ 注意8進位特性，原題中8進位表示法有錯誤。

85. ( ) 八進位數值(2345.67)轉換成十六進位數值為 (4)
(1)(59.13)　(2)(95.13)　(3)(45E.DC)　(4)(4E5.DC)。

解析 $(2345.67)_8$ = (010 011 100 101.110 111)$_2$ = (0100)(1110)(0101).(1101)(1100) = $(4E5.DC)_{16}$

86. ( )「全球資訊網 (World Wide Web)」使用最普遍的是哪一種格式？ (2)
(1).doc　(2).htm　(3).txt　(4).dbf。

解析 (1) .doc (word 檔)　(2).htm (網頁檔)　(3).txt (文字檔)　(4).dbf (Dbass 檔)

87. ( ) 二進位數值「01101101」，其「2 的補數」值為何？ (3)
(1)01101101　(2)10010010　(3)10010011　(4)01101110。

解析 01101101 先取 1's 的補數為 10010010，再加上 1 為 10010011。

88. ( ) 八進位數值 (456) 轉換成十六進位數值為何？ (2)
(1)12F　(2)12E　(3)12D　(4)228。

解析 $(456)_8$先轉換成二進位的(0001 0010 1110)$_2$，(0001)(0010)(1110)$_2$再轉換成十六進位$(12E)_{16}$。

工作項目 1 電腦概論

89. ( ) 程式經編譯(Compile)後，不會產生下列哪一種輸出？
    (1)診斷訊息(Diagnostic Message)　(2)列印原始程式(Source Program Listing)
    (3)可執行模組(Executable Module)　(4)目的模組(Object Module)。　(3)

    解析 程式經編譯(Compile)產生目的模組(Object Module)，之後再連結載入其他目的模組及函數庫成為可執行模組(Executable Module)。

90. ( ) 磁碟每一面都由很多同心圓組成，這些同心圓稱為
    (1)磁區(Sector)　(2)磁軌(Track)　(3)磁頭(Head)　(4)磁柱(Cylinder)。　(2)

91. ( ) 下列何者是「可程式唯讀記憶體」之縮寫？
    (1)PROM　(2)BIOS　(3)RAM　(4)ROM。　(1)

    解析 (1) PROM 可程式唯讀記憶體　(2) BIOS 基本輸出入系統
    (3) RAM 隨機存取記憶體　(4) ROM 唯讀記憶體。

92. ( ) 「BIOS (基本輸入輸出系統)」通常儲存於下列何種記憶體中？
    (1)軟碟　(2)硬碟　(3)ROM　(4)RAM。　(3)

    解析 BIOS 基本輸出入系統 存放在 ROM 中。

93. ( ) 關於「網際網路 (Internet)」的敘述，下列何者正確？
    (1)Internet 是起於 40 年代　(2)Internet 是國際的範圍　(3)Internet 只是現成可用於防禦部門和研究大學　(4)Internet 使用者數目可無限制擴張。　(2)

    解析 目前 internet 定址方法是 IPv4，可以提供位址總數約為 $256 \times 256 \times 256 \times 256$ 個。

94. ( ) 鍵盤是屬於　(1)輸出設備　(2)輸出媒體　(3)輸入設備　(4)輸入媒體。　(3)

95. ( ) 下列何者屬於輔助記憶體？
    (1)RS-232 介面卡　(2)算術邏輯單元　(3)控制單元　(4)磁碟機。　(4)

96. ( ) 有關「CPU」的描述，下列何者有誤？
    (1)個人電腦的 CPU 一定是 16 位元　(2)CPU 中具有儲存資料能力的是暫存器
    (3)一部電腦中可以有二個以上的 CPU　(4)一部電腦的執行速度主要是由 CPU 的處理速度決定。　(1)

    解析 目前個人電腦的 CPU 已經到 64 位元了。

97. ( ) 「程式計數器 (ProgramCounter)」的作用為何？
    (1)存放錯誤指令的個數　(2)存放資料處理的結果　(3)存放程式指令　(4)存放下一個要被執行的指令位址。　(4)

98. ( ) 可以直接被電腦接受的語言是
    (1)機器語言　(2)組合語言　(3)C 語言　(4)高階語言。　(1)

    解析 機器語言由 0 與 1 構成的控制電腦進行各項活動的指令，電腦能直接執行。

99. ( ) 以電腦通訊傳輸媒體的傳輸速度而言,下列何種介質最快? (2)
    (1)雙絞線 (2)光纖 (3)電話線 (4)同軸電纜。

    解析 傳輸媒介速度:光纖 > 雙絞線 > 同軸電纜 > 電話線。

100. ( ) 在個人電腦中,磁碟機存取資料時,何者可為其存取單位? (2)
    (1)DPI (2)Sector (3)Track (4)bit。

    解析 (1) DPI:螢幕解析度　　　　　(2) Sector:磁區,磁碟存取最小單位
    (3) Track:磁軌　　　　　　　(4) bit:位元。

101. ( ) 下列何者不屬於週邊設備? (2)
    (1)印表機 (2)CPU (3)鍵盤 (4)CD-ROM。

    解析 CPU 中央處理器。

102. ( ) 關於「CD-ROM 光碟機」之描述,下列何者正確? (2)
    (1)只能用來錄音樂
    (2)只能讀取預先灌錄於其內的資料
    (3)可備份硬式磁碟機中的資料
    (4)能讀寫各種媒體資料。

    解析 CD-ROM 僅能讀取,無法備份或寫入資料。

103. ( ) 微秒 (Microseconds)是計量電腦速度的微小時間單位之一,一微秒等於 (4)
    (1)千分之一秒 (2)十萬分之一秒 (3)萬分之一秒 (4)百萬分之一秒。

    解析 微秒 (Microseconds)= 10^{-6} 秒。

104. ( ) 算術及邏輯單元負責執行所有的運算,而主記憶體與 ALU 之間的資料傳輸,由誰 (3)
    負責監督執行?
    (1)監督程式 (2)主記憶體 (3)控制單元 (4)輸入輸出裝置。

105. ( ) 下列何者是「中央處理單元」的英文縮寫? (3)
    (1)I/O (2)PLC (3)CPU (4)UPS。

    解析 I/O:input/outout 輸入/輸出。
    PLC:programmable logic control 可程式邏輯控制器。
    CPU:central process unit。
    UPS:Uninterrupted Power Supply 不斷電系統。

106. ( ) 「資料處理 (Data Processing)」的基本作業是 (3)
    (1)輸出、處理、輸入 (2)輸入輸出、處理、列印 (3)輸入、處理、輸出 (4)輸入輸出、
    顯示、列印。

    解析 「資料處理 (Data Processing)」的基本作業是輸入、處理、輸出。

107. ( ) 下列哪一項不屬於 Internet 的服務? (4)
    (1)BBS (2)WWW (3)e-mail (4) RFC。

工作項目 1 電腦概論

108. ( ) 將類似資料收集起來於固定時間一起處理的作業方式稱為 (2)
(1)連線處理 (2)批次處理 (3)即時處理 (4)分時處理。

解析 連線處理：當電腦在進行處理作業時，終端設備隨時監控狀態並且等待回應。
批次處理：CPU 依所排定的多個作業程序一次整批完成。
即時處理：在一限定的時間內必須有回應的一種交談式作業系統。
分時處理：CPU 切割出很短的服務時間，將 CPU 資源平均分配或依優先權限，用很短的時間執行各個作程序。

109. ( ) 電子計算機的記憶體容量之大小與 2 的次方有關，所謂 1M 是指 2 的幾次方？ (3)
(1)15 (2)10 (3)20 (4)50。

解析 $2^{20}=1M$

110. ( ) 電源關掉後，記憶體內之資料內容仍然存在的記憶體稱為 (4)
(1)RAM (2)DRAM (3)SRAM (4)ROM。

解析 DRAM：動態 RAM
SRAM：靜態 RAM

111. ( ) 將電路的所有電子元件，如電晶體、二極體、電阻等，製造在一個矽晶片上之電腦元件稱為 (3)
(1)電晶體 (2)真空管 (3)積體電路(Integrated Circuit) (4)中央處理單元(CPU)。

112. ( ) 以「http://www.myweb.com.tw」而言，下列何者代表公司的網域？ (2)
(1)www (2)myweb (3)com (4)tw。

解析 網址格式為「主機名稱.網域名稱」。其中 www 代表主機名稱，labor.gov.tw 代表網域名稱。網域名稱中通常第一段為機構代號，例如 labor 為勞委會中部辦公室，第二段為類型別，例如 gov 為政府單位、com 為商業機構，第三段為國家地理區域之網域。

113. ( ) 若一年以 365 日計算，則須使用多少位元才可表示該數目 365？ (2)
(1)1 (2)9 (3)18 (4)2。

解析 因 $2^9=512$，9 個位元可以表達 0~511。

114. ( ) 假設電腦係由五大部門所組成，則專門負責電腦系統之指揮及控制的為何？ (1)
(1)控制單元 (2)輸出入單元 (3)算術／邏輯單元 (4)記憶單元。

解析
(1) 輸入單元：負責將資料、程式及命令的輸入。如鍵盤、滑鼠等。
(2) 輸出單元：負責輸出電腦所執行的結果，或顯示電腦系統的訊息，如印表機、喇叭及螢幕等。
(3) 算術邏輯單元：負責電腦內部之算術運算（＋、－、×、÷）及邏輯運算（AND、OR）。
(4) 控制單元：負責分析、指揮及控制各單元的運作，它會適時發送出控制訊號，使電腦系統能正確的執行指令。
(5) 記憶單元：負責儲存程式或資料，分為主記憶體與輔助記憶體。主記憶體又分為唯讀記憶體（ROM）只能讀不能寫、隨機存取記憶體（RAM）能讀能寫；輔助記憶體如硬式磁碟機、光碟等。

115. ( ) 在網際網路的網域組織中,下列敘述何者是錯誤的? (3)
(1)gov 代表政府機構　　(2)edu 代表教育機構
(3)net 代表財團法人　　(4)com 代表商業機構。

> **解析** net 代表網路機構,如中華電信。

116. ( ) 在網際網路的網域組織中,下列敘述何者是錯誤的? (3)
(1)gov 代表政府機構　　(2)edu 代表教育機構
(3)org 代表商業機構　　(4)mil 代表軍方單位。

> **解析** org 代表財團法人,如電腦技能基金會 www.csf.org.tw。

117. ( ) 網際網路的 IP 位址長度係由多少位元所組成? (2)
(1)16　(2)32　(3)48　(4)64。

> **解析** 網際網路的 IP 位址由四段 8 位元所組成。

118. ( ) 已知網際網路的 IP 位址係由四組數字所組成,請問下列表示法中何者是錯誤的? (1)
(1)140.6.36.300　(2)140.6.20.8　(3)168.95.182.6　(4)200.100.60.80。

> **解析** 每一組數字範圍為 0~255。

119. ( ) 「MIPS」為下列何者之衡量單位? (2)
(1)印表機之印字速度　(2)CPU 之處理速度　(3)螢幕之解析度　(4)磁碟機之讀取速度。

> **解析** CPU 之處理速度:MIPS(Millions of Instruction Per Second)每一秒 CPU 可以執行多少百萬個指令,MIPS 值越高,代表 CPU 的運算速度越快。另外,大型電腦則採用 MFLOPS,每秒執行百萬個浮點運算數,超級電腦則採用 GFLOTS 為計算運算速度的單位。

120. ( ) 假設某一記憶體具有 14 條位址線,則此記憶體共有多少位址空間? (4)
(1)24KB　(2)24B　(3)16MB　(4)16KB。

> **解析** $2^{14}=2^4 \times 2^{10}=16KB$

121. ( ) 下列哪一種軟體是用來作為電腦輔助教學之用? (1)
(1)CAI　(2)CAM　(3)CAE　(4)CAD。

> **解析** (1) CAI:電腦輔助教學　(2) CAM:電腦輔助製造
> (3) CAE:電腦輔助工程　(4) CAD:電腦輔助設計

122. ( ) 在電子商務行為中,下列何者是指消費者個人與消費者個人之間利用網際網路進行商業活動? (4)
(1)B2B　(2)B2C　(3)B2G　(4)C2C。

> **解析** (1) B2B:企業對企業　(2) B2C:企業對消費者
> (3) B2G:企業對政府　(4) C2C:消費者對消費者

工作項目 1 電腦概論

123. ( ) 下列何者不是通用串列匯流排(USB)的特色？ (4)
(1)高傳輸速率 (2)支援熱插拔(Hot Swapping)功能 (3)支援隨插即用(Plug and Play)功能 (4)僅能使用於儲存裝置。

解析 通用串列匯流排(USB)也可以連接印表機、滑鼠等輸出入設備。

124. ( ) 在二進位數系統中，(00111100) XOR (11000011)的結果為 (1)
(1)11111111 (2)00000000 (3)00111100 (4)00001111。

解析 XOR 是輸入相同者為 0，輸入不同者為 1。

125. ( ) 布林(Boolean)代數的運算中，下列何者不正確？ (4)
(1)1+1=1 (2)0+1=1 (3)0+0=0 (4)0+x=0。

解析 0 + x = x

126. ( ) 一個邏輯閘，若有任一輸入為 1 時，其輸出為 1，則此邏輯閘為 (2)
(1)AND 閘 (2)OR 閘 (3)NAND 閘 (4)NOR 閘。

解析 1 + X = 1

127. ( ) 「校務行政管理系統」是屬於 (3)
(1)作業系統 (2)工具程式 (3)專案開發軟體 (4)驅動程式。

128. ( ) 主要用來分配與管理電腦軟、硬體資源，例如 Windows 8、Linux 是屬於 (1)
(1)作業系統 (2)工具程式 (3)套裝軟體 (4)專案開發軟體。

129. ( ) 下列哪一個不是磁碟機的資料傳輸介面技術？ (4)
(1)IDE (2)SATA (3)SCSI (4)LPT。

解析 LPT 代表印表機資料傳輸介面。

130. ( ) 下列哪一個元件不屬於輔助儲存元件？ (4)
(1)光碟 (2)硬碟 (3)隨身碟 (4)記憶體。

解析 記憶體為主要儲存元件。

131. ( ) 「二進位數 1010101」等於「八進位數」的 (2)
(1)123 (2)125 (3)521 (4)522。

解析 $(001\ 010\ 101)_2 = (125)_8$

132. ( ) 「二進位數 01111」等於「十進位數」的 (3)
(1)10 (2)16 (3)15 (4)1000。

解析 $(1111)_2 = 1 \times 2^3 + 1 \times 2^2 + 1 \times 2^1 + 1 \times 2^0 = 15$

133. ( ) 「十進位數 77」等於「八進位數」的 (1)115 (2)116 (3)117 (4)114。 (1)

解析 $(77)_{10} \div 8 = 9\ ...\ 5$
$(9)_{10} \div 8 = 1\ ...\ 1$
因此為 $(115)_8$

134. ( ) 「十六進位數 7D1」等於「十進位數」的 (3)
(1)2003　(2)2101　(3)2001　(4)2103。

解析　$(7D1)_{16} = 7 \times 16^2 + 13 \times 16^1 + 1 \times 16^0 = 2001$

135. ( ) 「十六進位數 1A1B」等於「八進位數」的 (4)
(1)977　(2)6684　(3)1123　(4)15033。

解析　$(1A1B)_{16} = (\underline{0001}\ \underline{1010}\ \underline{0001}\ \underline{1101})_2 = (\ \underline{001}\ \underline{101}\ \underline{000}\ \underline{011}\ \underline{011})_2 = (15033)_8$

136. ( ) 「十六進位數 F0」等於「二進位數」的 (2)
(1)00001111　(2)11110000　(3)11000011　(4)00111100。

解析　$(F0)_{16} = (\underline{1111}\ \underline{0000})_2$

137. ( ) 「八進位數 123」等於「十進位數」的 (1)
(1)83　(2)38　(3)79　(4)97。

解析　$(123)_8 = 1 \times 8^2 + 2 \times 8^1 + 3 \times 8^0 = 83$

138. ( ) 1 個「八進位」的數字可由幾個「二進位」的數字組成 (2)
(1)2　(2)3　(3)4　(4)5。

解析　1 個「八進位」的數字可由 3 個「二進位」。
1 個「十六進位」的數字可由 4 個「二進位」。

139. ( ) 在電腦系統中，下列有關儲存容量單位的敘述何者錯誤？ (3)
(1)1GB = 1024MB　(2)1MB = 1024KB　(3)1KB = 1024TB　(4)1TB = 1024GB。

解析　1KB = 1024 B

140. ( ) 假設某一部個人電腦之記憶體容量為 512MB，則該記憶體容量等於 (3)
(1)512000KB　(2)1GB　(3)524288KB　(4)2GB。

解析　1MB = 1024 KB，$512 \times 1024 = 524288$KB

141. ( ) 若利用 5bit 來表示整數型態資料，且最左位元 0 代表正數、1 代表負數，負數與正數間互為 1 的補數，則可表示之範圍為 (3)
(1)15~-16　(2)16~-15　(3)15~-15　(4)16~-16。

解析　5bit 來表示整數型態資料以 1 的補數表示之範圍 $2^{5-1}-1 \sim -(2^{5-1}-1)$

142. ( ) 在電腦系統中，1 個位元組(Byte)由幾個位元(bit)組成？ (2)
(1)4 個　(2)8 個　(3)10 個　(4)16 個。

143. ( ) 若利用 8bit 來表示整數型態資料，且最左位元 0 代表正數、1 代表負數，負數與正數間互為 2 的補數，則可表示之範圍為 (3)
(1)128~-128　(2)127~-127　(3)127~-128　(4)128~-127。

解析　8bit 來表示整數型態資料以 2 的補數表示之範圍 $2^{8-1}-1 \sim -2^{8-1}$

144. ( ) 設 A 為 bit，B 為 Record，C 為 Field，D 為 Character，通常在電腦內所佔空間的大小，由小到大之順序為 (2)
(1)ABCD (2)ADCB (3)ACDB (4)ACBD。

> **解析** Bit < Character < Field < Record

145. ( ) 下列何者不屬於開始原始碼軟體(Open Source Software)？ (2)
(1)Android (2)C# (3)PHP (4)Python。

146. ( ) 下列何者可將高階語言的程式碼轉換成機器碼？ (2)
(1)組譯器(Assembler) (2)編譯器(Compiler) (3)編輯器(Editor) (4)直譯器(Interpreter)。

147. ( ) 下列何者是在某些網頁中插入惡意的 HTML 與 Script 語言，藉此散布惡意程式，或是引發惡意攻擊？ (2)
(1)零時差攻擊(Zero-day Attack) (2)跨站腳本攻擊(Cross-Site Scripting,XSS) (3)網站掛馬攻擊 (4)阻斷服務攻擊(Denial of Service,Dos)。

148. ( ) 要將資料列印在複寫式三聯單上，使用下列哪一種印表機最適合？ (3)
(1)事務機 (2)噴墨印表機 (3)點陣式印表機 (4)雷射印表機。

> **解析** 點陣式印表機又稱撞針式印表機，故可以在複寫紙上打印字型。

149. ( ) 下列何者是一般用來表示雷射印表機的列印速度？ (3)
(1)DPI(Dot Per Inch) (2)BPS(Byte Per Second) (3)PPM(Page Per Minute) (4)CPI(Character Per Inch)。

> **解析**
> (1)DPI(Dot Per Inch)：解析度
> (2)CPS(Character Per Second)：每秒字數
> (3)PPM(Page Per Minute)：每秒頁數

150. ( ) 一般衡量電腦執行速率，主要是比較下列哪一個單元？ (4)
(1)輸入單元 (2)輸出單元 (3)記憶單元 (4)中央處理單元。

151. ( ) IP 位址 200.200.200.200 應該是屬於哪個 Class 的 IP？ (3)
(1)Class A (2)Class B (3)Class C (4)Class D。

152. ( ) 下列各專有名詞對照中，何者錯誤？ (2)
(1)SOHO：小型家庭辦公室 (2)OA：全球衛星定位系統 (3)FA：工廠自動化 (4)EC：電子商務。

> **解析** OA：辦公室自動化，GPS：全球衛星定位系統。

153. ( ) 某遊樂場有一「太空船」遊戲設施，只要看著螢幕，就有如親臨現場，相當震撼，這是使用下列哪一種技術？ (1)
(1)虛擬實境 (2)雷射掃瞄 (3)感應體溫 (4)眼球虹膜辨識。

154. ( ) 下列何者是「揮發性」記憶體？ (1)
(1)DRAM　(2)PROM　(3)EEPROM　(4)flash memory。

解析　DRAM(動態隨機存取記憶體)屬於「揮發性」記憶體。

155. ( ) 下列哪一種記憶體是利用紫外線光的照射來清除所儲存的資料？ (3)
(1)SRAM　(2)PROM　(3)EPROM　(4)EEPROM。

解析
(1)SRAM：靜態隨機存取記憶體
(2)PROM：可程式唯讀記憶體
(3)EPROM：紫外線可抹除之可程式唯讀記憶體
(4)EEPROM：電磁可抹除之可程式唯讀記憶體

156. ( ) PDA、數位相機、隨身碟等消費性電子設備，大多是使用何種儲存媒體？ (4)
(1)RAM　(2)ROM　(3)PROM　(4)flash memory。

157. ( ) 有一台數位相機擁有800萬像素，此處「800萬像素」是指？ (3)
(1)內建儲存容量　(2)記憶卡最大容量　(3)最大可拍攝的解析度　(4)照片每一個點的顏色成分。

158. ( ) MP3是下列何種檔案的壓縮格式 (3)
(1)文字　(2)圖片　(3)音樂　(4)影片。

159. ( ) 使用透明玻璃纖維材質來傳輸資料，具有體積小、傳輸速度快、訊號不易衰減等特性的傳輸媒介是 (1)
(1)光纖　(2)雙絞線　(3)同軸電纜　(4)微波。

解析　光纖的材質為玻璃纖維。

160. ( ) 一般住家網路長度小於100公尺，電腦要透過ADSL寬頻數據機上網，考量經濟因素，應選購下列哪一種傳輸媒介？ (2)
(1)光纖　(2)雙絞線　(3)粗同軸電纜　(4)細同軸電纜。

解析　ADSL寬頻數據機大多以雙絞線為主要傳輸媒介。

161. ( ) 每張Ethernet網路卡都編有一個獨一無二的位址，這個位址稱為「MAC(Media Access Control)位址」，MAC位址是以 (2)
(1)4Bytes　(2)6Bytes　(3)7Bytes　(4)8Bytes　表示。

解析　網路卡實體位址：MAC address，或稱Physical address或配接卡位址。每張網路卡出廠時即擁有一個獨一的識別號碼，它是由6個bytes組成，例如6C-74-7E-C0-5C-EF。

162. ( ) 某辦公室內有數台電腦，將這些電腦以網路線與集線器(Hub)連接，此種連接方式為　(1)匯流排網路　(2)星狀網路　(3)環狀網路　(4)網狀網路。 (2)

163. ( ) ISO所提出的OSI架構共分成幾層？ (2)
(1)9　(2)7　(3)5　(4)3。

解析　ISO所提出的OSI架構共分成7層：應用層、表現(展示)層、交談層、傳輸層、網路層、資料鏈結層、實體層。

164. ( ) 具有後進先出(Last In Fast Out)的資料結構是 (1)
(1)堆疊 (2)佇列 (3)樹狀 (4)串列。

> 解析 (1)堆疊：後進先出 (2)佇列：先進先出。

165. ( ) 在鐵路局網路訂票系統中，下列何者為不適用的資料處理方式？ (3)
(1)交談式處理 (2)即時處理 (3)批次處理 (4)分散式處理。

> 解析 所謂批次處理通常將要執行的工作集中在同一時間處理。

166. ( ) 下列檔案中，何者不是圖片檔案格式？ (2)
(1)test.bmp (2)test.mdb (3)test.gif (4)test.tif。

> 解析 test.mdb 為 ACCESS 的資料檔。

167. ( ) 在 Windows 作業系統中，以手動方式設定 TCP/IP 網路連線，設定項目包含 IP 位址、子網路遮罩及下列何種設備的 IP 位址？ (4)
(1)集線器(Hub) (2)橋接器(Bridge) (3)交換器(Switch) (4)閘道器(Gateway)。

> 解析 閘道器(Gateway)用以作為兩個不相容網路彼此間連線的連接點或交換點，像 LAN 就需要藉由通訊閘來與 WAN 作連線，此外將本地所用的通訊協定透過通訊閘來轉換成彼端所能辨識的通訊協定。

168. ( ) 下列有關非對稱數位用戶線路(ADSL)的敘述，何者不正確？ (4)
(1)可以同時上傳與下載 (2)可以同時使用電話及上網 (3)是透過現有的電話線路連接至電信公司的機房 (4)資料上傳與下載速度相同。

> 解析 所謂非對稱數位用戶線路(ADSL)透過現有的電話線路連接至電信公司的機房，可以同時使用電話及上網。上網時可以同時上傳與下載，但資料上傳與下載速度不相同。

169. ( ) 一張長 2 英吋、寬 1 英吋的照片，若以解析度為 200dpi 的掃瞄器掃瞄進入電腦，該影像的像素為 (1)
(1)80000 (2)120000 (3)100000 (4)60000。

> 解析 200dpi × 2 英吋 × 200dpi × 1 英吋 = 80000。

170. ( ) 螢幕上的像素是由光的三原色組合而成，下列何者不是三原色 (4)
(1)紅色 (2)綠色 (3)藍色 (4)白色。

> 解析 螢幕上的像素是由紅、綠、藍(RGB)三原色組合而成。

171. ( ) 有一份紙本文件經由掃瞄器轉換影像文件，若要編輯該影像文件的文字部份，應先利用下列何種軟體做辨識？ (1)
(1)OCR (2)Photoshop (3)MS Word (4)ADC。

> 解析 (1)OCR：光學辨識軟體 (2)Photoshop：影像處理軟體
> (3)MS Word：文書處理軟體 (4)ADC。

172. ( ) 「10BaseT乙太網路(Ethernet)」，其中 10 表示頻寬為多少 Mbps？ (2)
(1)1　(2)10　(3)20　(4)100。

解析　10BaseT：表示乙太網路為 10Mbps，T 為雙絞線。

173. ( ) 「八進位數 66」等於「二進位數」的 (4)
(1)110011　(2)101101　(3)011011　(4)110110。

解析　$(66)_8$ = (110 110)$_2$

174. ( ) 下列何者不是 GIF 檔案的特點？ (4)
(1)可製成動畫　(2)屬於非破壞性壓縮　(3)可設背景色為透明　(4)具高效率的壓縮比。

解析　GIF 全名是 Graphics Interchange Format，『影像交換用格式』，GIF 跟 JPG 一樣，有著一定的壓縮方式，GIF 採用的是 LZW 壓縮技術，這種壓縮技術在壓縮時不會犧牲掉畫面的品質，但是不能設定壓縮的比值，這一點跟 JPG 有著相當大的差異。另外，GIF 只支援 256 色以下的色盤，讓 GIF 在圖檔的顏色處理上有一些限制，但是侷限的顏色數卻也讓 GIF 有更多可以發揮的空間，像是指定特定色盤，限定特定顏色為透明色等。

175. ( ) 電腦中為檢查資料是否正確，常在每筆資料後增加一個核對位元，此位元稱之為同位檢查位元。請問當資料為 01101111 時，若採偶數同位檢查，則同位檢查位元應為？ (2)
(1)1　(2)0　(3)-1　(4)101。

解析　01101111 已包含 6 個 1 的位元(偶數個)，採用偶數同位檢查，其同位檢查位元為 0，使整筆資料中含 1 的位元數為偶數個。若採用奇數同位檢查，則其同位檢查位元為 1，使整筆資料中含 1 的位元數為奇數個。

176. ( ) EBCDIC 碼使用 X 位元表示一個字元，UTF-16 使用 Y 位元表示一個字元，則 X+Y 等於？ (3)
(1)64　(2)32　(3)24　(4)16。

解析　EBCDIC 為 8 位元，UTF-16 為 16 位元，所以 8+16=24。

177. ( ) 下列有關網路犯罪相關描述，何者有誤？ (3)
(1)我國國內查緝網路犯罪的單位是偵九隊　(2)在網路從事斂財騙色的詐欺行為，是屬網路詐騙　(3)大量寄送廣告郵件，造成他人困擾，是屬散播惡意軟體　(4)散播不實或未經證實的訊息，是屬網路謠言。

178. ( ) 數位簽章運作流程，不包含下列何者？ (1)
(1)用傳送者的公鑰將訊息摘要加密　(2)用傳送者的公鑰將訊息摘要解密　(3)利用雜湊函數產生訊息摘要　(4)比對訊息摘要。

179. ( ) 下列敘述何者正確？　(2)
(1)RSA 是對稱式加密演算法　(2)AES 是對稱式加密法　(3)DES 是非對稱式加密演算法　(4)對稱式加密法是採用不同的金鑰進行加、解密。

> **解析**
> 對稱性加密：加密與解密使用同一把金鑰。訊息的加密和解密採用相同的金鑰，傳送和接收雙方均擁有相同的一把金鑰，如 DES 等。
> 非對稱式加密：每個使用者擁有一對金鑰，公開金鑰和私密金鑰(public key and a private key)，訊息由其中一把金鑰加密後，必需由另一把金鑰予以解密，公開金鑰可以被公開發佈，而私密金鑰則不公開隱密保存，如 RSA 等。
> 諸多文獻認為 AES 為 DES 之延伸改良版本屬對稱性密碼，但也有學者認為 AES 因為加解密過程不同屬非對稱性密碼。

180. ( ) 在公開金鑰密碼系統中，A 將機密資料傳給 B，B 應該使用下列哪種金鑰來解密？　(3)
(1)A 的公開金鑰　(2)A 的私人金鑰　(3)B 的私人金鑰　(4)B 的公開金鑰。

> **解析**
> A 若是要傳機密文件給 B，首先要取得 B 的公開金鑰來加密文件，再送到網路上傳給 B，B 取得加密後文件，B 再用個人擁有的私人金鑰解密文件。

181. ( ) 電子商務之四流，不包含？　(4)
(1)商流　(2)物流　(3)金流　(4)訂單流。

> **解析**
> 電子商務之四流有商流、物流、金流、資訊流。

182. ( ) 下列何種機制可藉由訂閱方式，即時取得他人部落格的最新內容？　(2)
(1)CSS(Cascading Style Sheets)　(2)RSS(Really Simple Syndication)
(3)FTP(File Transfer Protocol)　(4)SET(Secure Electronic Transaction)。

> **解析**
> CSS：用來為 HTML 文件添加樣式（字型、間距和顏色等）的程式語言。
> FTP：用來傳輸檔案的協定。
> SET：用來保護在任何網路上現用卡交易的開放式規格，由 VeriSign、IBM、VISA、Master 等國際組織共同制定。
> RSS：是一種以 XML 為格式基礎的內容傳送系統。

183. ( ) 下列網路服務預設的 Port Number，何者對應有誤？　(3)
(1)HTTP:80　(2)Telnet:23　(3)POP3:120　(4)FTP:21。

> **解析**
> POP3 之 Port Number 為 110。

184. ( ) IPv4 將 IP 分為多少個等級？　(2)
(1)4　(2)5　(3)6　(4)7。

> **解析**
> IP 位分類(Class A~E)：
> ▶IP 位址最左邊是以「0」開頭的，此 IP 是一個 Class A。
> ▶IP 位址最左邊是以「10」開頭的，此 IP 是一個 Class B。
> ▶IP 位址最左邊是以「110」開頭的，此 IP 是一個 ClassC。
> ▶IP 位址最左邊是以「1110」開頭的，此 IP 是一個 ClassD。
> ▶IP 位址最左邊是以「11110」開頭的，此 IP 是一個 Class E。

185. ( ) 行動電話所使用的無線耳機，最常採用下列何種通訊技術？ (4)
(1)WiMAX (2)RFID (3)Wi-Fi (4)Bluetooth。

解析 行動電話所使用的無線耳機，最常採用藍芽通訊技術。WiMAX 為全球互通微波存取。RFID 稱為無線射頻辨識。Wi-Fi 為綜合 IEEE 802.11 無線標準的規定，WPA 和 WPA2 安全標準以及 EAP 標準的認證標章。

186. ( ) 通訊軟體 LINE 屬 ISO 所規範的 OSI 架構中的哪一層？ (1)
(1)應用層 (2)會議層 (3)傳輸層 (4)表達層。

解析 應用層：規範各項網路服務（如電子郵件、檔案傳輸、社群軟體、即時通訊軟體等）的使用者介面，讓使用者可存取或分享網路中的資源。

187. ( ) 小明與弟弟共用家中電腦，小明有些個人的文件檔案不希望被弟弟看到，請問小明可將檔案屬性設定為下列哪一項？ (1)
(1)隱藏 (2)保密 (3)唯讀 (4)保存。

188. ( ) 下列何種網路設備具備協定轉換功能？ (3)
(1)數據機 (2)中繼器 (3)閘道器 (4)集線器。

189. ( ) 行動裝置所使用的記憶體，除了可供讀出與寫入外，在電源關閉後，記憶的資料也不會消失，下列何種記憶體最符合這項需求？ (2)
(1)可程式唯讀記憶體 (2)快閃記憶體 (3)動態隨機存取記憶體 (4)靜態隨機存取記憶體。

解析 RAM(隨機存取記憶體)不論動態或靜態，僅在供電狀態下，才可供讀出與寫入記憶體，電源關閉後記憶體中資料即會消失。可程式唯讀記憶體 PROM 僅一次寫入記憶體，電源關閉後保存於記憶體中不會消失。快閃記憶體 Flash Memory，屬非揮發性記憶體，一種電子清除式可程式唯讀記憶體的形式，不需電力來維持數據的儲存，允許被多次抹除或寫入的記憶體，適合使用在行動裝置。

190. ( ) 下列哪個數值與其他不同？ (3)
(1)12_{16} (2)22_8 (3)10000_2 (4)18_{10}。

解析 $12_{16}=10010_2$，$22_8=10010_2$，$18_{10}=10010_2$

191. ( ) 下列對 TB(Tera Byte)的敘述何者正確？ (2)
(1)1TB=10 億位元組 (2)1TB=$2^{20} \times 2^{20}$Byte (3)1TB=1024×1024GB (4)1024×1024 Byte。

解析 1KB=2^{10}Byte，1MB=2^{20}Byte，1GB=2^{30}Byte，1TB=2^{40}Byte。

192. ( ) 下列何者不屬於電腦硬體組成的設備？ (2)
(1)輔助儲存設備 (2)安全設備 (3)處理設備 (4)輸出設備。

193. ( ) 有關勒索病毒的運作原理，下列那一項敘述有誤？ (3)
(1)使用非對稱式加密法來達到目的 (2)被勒索者需要取得解密的金鑰才能解開檔案 (3)這是屬於破壞性的攻擊手法 (4)勒索者以握有金鑰來進行威脅。

194. ( ) 下列何者適合以即時處理的方式來作業？ (4)
(1)戶口普查統計　(2)電費帳單處理　(3)成績單製作　(4)醫院預約掛號。

> **解析** 戶口普查統計、電費帳單處理、成績單製作採用批次作業。

195. ( ) 下列何種無線傳輸方式，因成本較低、無固定傳輸方向障礙等優點，廣泛應用於手機、平板電腦、無線耳機等周邊設備的傳輸工作？ (3)
(1)微波　(2)雷射　(3)藍芽　(4)紅外線。

196. ( ) 下列何者不是 QR-Code 的特色？ (3)
(1)具容錯能力　(2)能以多種方向掃描　(3)須使用 RFID 感應器讀取　(4)外表成正方形，角落會有類似「回」字的圖案。

197. ( ) 下列何種連接埠不支援熱插拔？ (2)
(1)USB　(2)IDE　(3)e-SATA　(4)IEEE 1394。

> **解析** IDE 為 ATA 硬體的介面(早期硬碟均使用這類介面)，不支援熱插拔。

198. ( ) 有一個程式需要執行 2^{40} 個指令，每個指令平均需要 20ps 來執行，請問這個程式執行的時間約為多少？ (2)
(1)2 秒　(2)20 秒　(3)20 毫秒　(4)200 毫秒。

> **解析** 1ps=10^{-12} 秒，$2^{40} \times 20 \times 10^{-12} = 21.990232555520 \approx 20$

199. ( ) 若某顯示卡最高支援 1024×768 全彩顯示，則該顯示卡至少需要多少容量的 Video RAM？　(1)2MB　(2)4MB　(3)8MB　(4)16MB。 (2)

> **解析** $1024 \times 768 \times 24$ bit(全彩) $\div 8 = 2.25 \times 2^{20}$ Byte $= 2.25$ B > 2MB。

200. ( ) 主機板的 SATA 插槽是用來連接下列何種裝置？ (1)
(1)硬碟　(2)印表機　(3)鍵盤　(4)顯示卡。

201. ( ) 十進位的 29.5，若以十六進位表示，結果為何？ (1)
(1)1D.8　(2)1D.9　(3)1D.A　(4)1D.B。

> **解析** $(29.5)_{10} = (1\ 1101.1)_2 = (1D.8)_{16}$

202. ( ) 下列何種匯流排決定 CPU 可支援的最大記憶體空間？ (3)
(1)資料匯流排　(2)記憶匯流排　(3)位址匯流排　(4)控制匯流排。

203. ( ) CPU 存取下列何種記憶體的速度最快？ (2)
(1)快取記憶體(Cache Memory)　(2)暫存器(Register)　(3)主記憶體(RAM)　(4)輔助記憶體(Auxiliary Memory)。

> **解析** 暫存器＞主記憶體＞快取記憶體＞輔助記憶體

204. ( ) CPU 執行一個指令的過程為何？ (3)
(1)擷取週期　(2)執行週期　(3)機器週期　(4)儲存週期。

> **解析** 機器週期＝擷取週期＋執行週期。

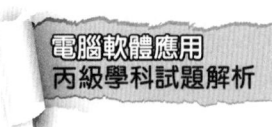

205. ( ) 下列何種內碼可以支援多國語言？　　　　　　　　　　　　　　　　(4)
(1)Binary 碼　(2)EBCDIC 碼　(3)BIG-5 碼　(4)Unicode 碼。

206. ( ) 下列何者用來存放中央處理單元常用的指令或資料？　　　　　　　(1)
(1)快取記憶體　(2)算術邏輯單元　(3)控制單元　(4)硬碟。

> 解析　快取記憶體 Cache：通常與快取記憶體(Cache Memory system) 作為 CPU 與 DRM 之間的緩衝。

207. ( ) 下列何者為目前電腦晶片發展的主要技術？　　　　　　　　　　　(4)
(1)真空管　(2)電晶體　(3)二極體　(4)超大型積體電路。

208. ( ) 下列何種介面卡可用來將數位資料轉換成類比訊號並傳送至喇叭？　(2)
(1)顯示卡　(2)音效卡　(3)網路卡　(4)數據卡。

209. ( ) 下列何種單位是用來表示 CPU 的執行速度？　　　　　　　　　　(1)
(1)GHz　(2)CPS　(3)LPM　(4)Mbytes。

> 解析　(1) Hz 赫茲用來表示 CPU 的運行時脈頻率的單位，G 表示為 10^9，GHz 表示十億赫茲。GHz 可作為 CPU 的處理速度，如 1GHz 指 CPU 可執行每秒十億次的機器週期。
> (2) CPS(每秒所印字元數)表示點陣式印表機列印速度的單位。
> (3) LPM(每分鐘所印行數)表示噴墨印表機列印速度的單位。
> (4) Mbytes 簡寫 MB，表示記憶體容量的單位。

210. ( ) 中央處理單元(CPU)內部的 ALU 功能為何？　　　　　　　　　　(2)
(1)執行資料傳輸　(2)執行加法、減法及邏輯運算　(3)執行中斷程式　(4)執行控制作業。

211. ( ) 若某電腦可定址的最大記憶體容量為 4GB，則該電腦有幾條位址線？(4)
(1)4　(2)8　(3)16　(4)32。

> 解析　$4G = 2^2 \times 2^{30} = 2^{32}$ 故須要 32 條位址線。

212. ( ) 下列何種記憶體的存取速度最慢？　　　　　　　　　　　　　　　(4)
(1)暫存器　(2)快取記憶體　(3)靜態隨機存取記憶體　(4)動態隨機存取記憶體。

> 解析　動態隨機存取記憶體＜靜態隨機存取記憶體＝快取記憶體＜暫存器。

213. ( ) 下列何種連接埠可用來為 MP3 Player、手機等 3C 產品充電？　　(4)
(1)DVI　(2)PS/2　(3)RJ-45　(4)USB。

> 解析　DVI 是電腦螢幕連接埠，PS/2 是鍵盤連接埠，RJ-45 是網路線連接埠。

214. ( ) 以 ASCII Code 儲存字串"Harry Potter"，若不包含雙引號，則共需使用多少位元組之記憶體空間？(2)
(1)10　(2)12　(3)11　(4)13。

> 解析　ASCII Code 是一個字用一個位元組儲存，Harry(5 個字)+空白格(1 個字)+Potter(6 個字)共 12 個字＝12 個位元組。

24

215. ( ) 若一CPU的規格為 AMD AM3 Athlon II X4 640 3.0GHz，則此CPU的核心數為何？ (3)
(1)單核心 (2)雙核心 (3)四核心 (4)六核心。

解析 AMD Athlon II CPU 家族分成雙核的 X2，三核的 X3，四核的 X4。

216. ( ) 若一硬碟的轉速為5000RPM，則該硬碟旋轉一圈需要幾秒？ (3)
(1)0.002 (2)0.12 (3)0.012 (4)0.025。

解析 RPM 表示每分鐘所轉的圈數。60秒/5000RPM=0.012秒/圈

217. ( ) 若CPU可直接存取1GB的記憶體，則該部電腦最少應有幾條位址線？ (1)
(1)30 (2)28 (3)24 (4)2。

解析 $1G=2^{30}$，故需要 30 條。

218. ( ) 若某電腦有34條位址線，則此電腦可定址的最大空間為何？ (3)
(1)128MB (2)512MB (3)16GB (4)8GB。

解析 $2^{34}=2^4 \times 2^{30}=16G$

219. ( ) 若某彩色雷射印表機標示為1200dpi，則下列何者正確？ (4)
(1)每分鐘可以列印1200個英文字元 (2)最多可以列印出1200種不同的顏色 (3)每小時可以列印1200頁A4大小紙張的內容 (4)每一英吋可以列印1200個點。

解析 dpi 是 dot per inch 簡寫。1200dpi 表示每一英吋可以列印 1200 個點。

220. ( ) 十進位數的0.25，以二進位數表示為下列何者？ (2)
(1)0.1 (2)0.01 (3)0.001 (4)0.11。

解析 $0.25 \times 2=\boxed{0}.5, 0.5 \times 2=\boxed{1}.0$，故$(0.25)_{10}=(0.01)_2$

221. ( ) 下列何種連接埠支援隨插即用及熱插拔的功能？ (3)
(1)LPT (2)COM (3)USB (4)PS/2。

222. ( ) 下列何種記憶體需要週期性充電？ (4)
(1)快閃記憶體 (2)唯讀記憶體 (3)靜態隨機存取記憶體 (4)動態隨機存取記憶體。

223. ( ) 下列何種記憶體具有可重覆讀寫及電源關閉時資料仍保留的特性？ (3)
(1)DRAM (2)SRAM (3)Flash Memory (4)PROM。

解析 DRAM(動態隨機記憶體)及SRAM(靜態隨機記憶體)在電源關閉後資料無法保存。
PROM(可程式唯讀記憶體)僅能寫入資料一次但無法重覆讀寫。
Flash Memory 快閃記憶體是 USB 隨身碟使用記憶體。

224. ( ) BIOS 儲存在下列何種記憶體中？ (2)
(1)隨機存取記憶體 (2)唯讀記憶體 (3)輔助記憶體 (4)快取記憶體。

225. ( ) 下列何者為快取記憶體(Cache Memory)的主要功能？ (3)
(1)作為輔助記憶體 (2)可以降低主記憶體的成本 (3)可以增進程式的整體執行速度 (4)可以減少輔助記憶體的空間需求。

226. ( ) 若某桌上型電腦的 CPU 規格為 Intel Core 2 Duo E6700 2.67GHz，則 2.67 是表示 CPU 的何種規格？
(1)內部記憶體容量　(2)出廠序號　(3)時脈頻率　(4)電源電壓。 (3)

解析 GHz 表示 CPU 可運行每秒十億次機器週期的時脈頻率單位，2.67GHz 指 CPU 可執行每秒 26.7 億次的機器週期。

227. ( ) CPU 可從下列何者找到下一個要執行的指令之所在位址？
(1)指令暫存器(IR) (2)旗標暫存器(FR) (3)程式計數器(PC) (4)位址暫存器(MAR)。 (3)

228. ( ) 下列哪種惡意程式是具有感染其他檔案的特性？
(1)電腦蠕蟲　(2)電腦病毒　(3)特洛伊木馬　(4)後門程式。 (2)

229. ( ) 下列哪個十進位數值為兩個二進位數值 101.01 及 111.11 相加的結果？
(1)12.5　(2)12　(3)13　(4)13.75。 (3)

解析 $101.01 + 111.11 = 1101.00_2 = 13_{10}$

230. ( ) 下列何者不是主機板的 I/O 連接埠？
(1)USB　(2)DVI　(3)CPU　(4)PS/2。 (3)

231. ( ) 光碟機規格所標示的倍速是指下列何者？
(1)資料的傳輸速度　(2)搜尋速度　(3)抹除資料的速度　(4)馬達的轉速。 (1)

232. ( ) 某廠商推出 64 位元 CPU，該 64 位元所代表的意義為何？
(1)可定址的主記憶體容量　(2)CPU 的工作頻率　(3)CPU 的字組長度　(4)L1 快取記憶體的位元數。 (3)

233. ( ) 下列何者為目前網際網路上最廣為使用的音樂檔副檔名？
(1)mp4　(2)mp3　(3)7z　(4)swf。 (2)

解析 mp4：多媒體電腦檔案格式。
swf：Adobe Flash 匯出後的檔案格式。
7z：是一種新壓縮格式，支援高壓縮比率。

234. ( ) 關於免費軟體(freeware)敘述，下列何者有誤？
(1)部分軟體會在程式中鑲入廣告　(2)部分軟體發布者希望能獲得自願性資助　(3)免費軟體一定安全　(4)仍受著作權保護。 (3)

235. ( ) HomeRF 無線網路規範家庭設備與藍芽(Bluetooth)是在下列哪個頻段上通訊？　(1)25MHz　(2)2.4GHz　(3)1GHz　(4)100MHz。 (2)

236. ( ) 小英使用手機利用業者服務，想找出距離自己 100 公尺內的停車場，這種應用屬於下列何者？
(1)行動推播　(2)無線傳銷　(3)行動定位　(4)無線接取。 (3)

237. ( ) 下列何者不是 QR Code 主要的應用面？
(1)將機密資訊加密　(2)下載商家折價卷　(3)自動取得網站上的推銷資訊　(4)將數位內容下載至手機。 (1)

238. ( ) IPv6 是以何者方式來表示其位址？ (4)
(1)32 個 8 進位　(2)16 個 16 進位　(3)32 個 10 進位　(4)32 個 16 進位。

> **解析** IPv6 二進位制下為 128 位元長度，以 16 位元為一組，每組以冒號":"隔開，可以分為 8 組，每組以 4 位元十六進位制方式表示，因此 4*8=32 個來表示 IPv6 位址。

239. ( ) 具有第四代行動通訊技術標準(4G)的行動裝置，使用者在高速移動狀態下傳輸速率可達多少 bps？　(1)100M　(2)200M　(3)400M　(4)600M。 (1)

> **解析** 3G 可達 54Mbps，4G 可達 100Mbps。

240. ( ) 要測試電腦本機網路卡是否正常，可執行下列何種指令測試？ (1)
(1)ping 127.0.0.1　(2)ping 126.0.0.1　(3)ping 255.0.0.1　(4)ping 245.0.0.1。

> **解析** ping 127.0.0.1 連接本機。

241. ( ) 電腦傳輸介面 USB 3.0 的最高傳輸速度規格是 USB 2.0 的幾倍？ (1)
(1)10　(2)20　(3)8　(4)2。

> **解析** USB 3.0 傳輸速度最快可高達 5Gbps 頻寬，比 USB 2.0 的 480Mbps 快 10 倍，若傳一部藍光影片(50GB)，約 3 分鐘，而 USB 2.0 約需 30 分鐘。

242. ( ) 個人電腦的插孔顏色，依 PC99 規格書建議，「麥克風插孔」是何種顏色？ (3)
(1)黃色　(2)淺藍色　(3)粉紅色　(4)青綠色。

> **解析** Intel 公司與 Microsoft 公司共同制定 PC99 規格書，避免使用者接錯主機背面的接孔，建議廠商以圖示或顏色來區分不同的介面。
>
> | 連接埠 | 顏色 |
> | --- | --- |
> | 搖桿 | 黃色 |
> | 鍵盤 | 紫色 |
> | 滑鼠 | 綠色 |
> | 音源輸入 | 淺藍色 |
> | 音源輸出 | 青綠色 |
> | 麥克風輸入 | 粉紅色 |
> | 並列埠 | 紫紅色 |
> | 串列埠 | 藍綠色 |
> | USB | 黑色 |

243. ( ) 觸控螢幕屬電腦四大單元中何者？ (3)
(1)記憶單元　(2)算術邏輯單元　(3)輸出/輸入單元　(4)控制單元。

244. ( ) 為避免電力供給突然中斷，造成電腦內尚未儲存資料的流失，可使用下列何種裝置提供備用電力？ (4)
(1)電壓切換開關(Voltage Switch)　(2)穩壓器　(3)突波吸收器　(4)不斷電系統。

245. ( ) 有關大數據(Big Data)的敘述，下列何者正確？ (1)
(1)具大量、高速、多變等特性　(2)皆為結構化資料，不會有非結構化資料
(3)不包含影片及電子郵件等資料　(4)不需考慮資料來源的合法性。

246. ( ) 進行大數據(Big Data)分析時，通常應該使用多少資料來分析？ (1)
(1)盡量使用全部資料　　　　(2)最近儲存時間的30%資料
(3)單筆資料量較大的前30%資料　(4)變化量較快的30%資料。

247. ( ) 大數據(Big Data)對生活產生了改變。下列何者較適合依據大數據的分析結果直接執行？ (4)
(1)司法判決　(2)逮捕可疑人犯　(3)開病人處方簽　(4)擬定特價商品。

248. ( ) 有關 Hadoop 的敘述，下列何者正確？ (3)
(1)HDFS 是循序運算框架
(2)MapReduce 是分散式檔案系統
(3)Sqoop 支援關聯式資料庫與 Hadoop 之間的資料轉換
(4)HBase 是關聯式資料庫。

解析 Hadoop 2.0 家族主要成員與元件，包括：管理工具 Ambari、分散式檔案系統 HDFS、分散式資源管理器 YARN、分散式平行處理 MapReduce、記憶體型計算架構 Spark、資料流程即時處理系統 Storm、分散式鎖服務 ZooKeeper、分散式資料庫 HBase、資料倉儲工具 Hive，以及其他工具 Pig、Oozie、Flume、Mahout 等。Sqoop 是一個用來將 Hadoop 和關聯式資料庫中的資料相互轉移的工具，可以將一個關聯式資料庫（例如：MySQL，Oracle，Postgres 等）中的資料導進到 Hadoop 的 HDFS 中，也可以將 HDFS 的數據導進到關聯式資料庫中。

249. ( ) 預設情況下，Hadoop 的分散式檔案系統(HDFS)會將資料檔案分割後的每個小塊複製成幾份複本(replica)？ (2)
(1)2　(2)3　(3)4　(4)5。

250. ( ) 關於 Apache Spark 運作的敘述，下列何者正確？ (4)
(1)非常不適合用於機器學習演算法　(2)程式只能在磁碟內做運算　(3)程式只能在記憶體內做運算　(4)能將資料加載至叢集記憶體內，並可多次對其進行查詢。

251. ( ) 下列何者是 Hadoop 3.0 內建的資料庫？ (4)
(1)CouchDB　(2)Neo4j　(3)FlockDB　(4)HBase。

252. ( ) 有關 HBase 資料庫的敘述，下列者正確？ (2)
(1)沒有開放程式碼　(2)可執行於 HDFS 檔案系統之上　(3)只可透過 SQL 來存取資料　(4)屬於關聯式資料庫的一種。

解析 HBase 資料庫非關聯式資料庫。

253. ( ) 大數據(Big Data)的 3Vs 中，與資料輸出入速度有關的是何者？ (2)
(1)Volume　(2)Velocity　(3)Variety　(4)Veracity。

254. ( ) 大數據(Big Data)資料來源種類包羅萬象，最簡單分類為結構化與非結構化。非結構化資料從早期的文字資料類型，已擴展到網路影片、視訊、音樂、圖片等，複雜的非結構化資料類型造成儲存、探勘、分析的困難。這樣的特性指的是？ (3)
(1)Volume　(2)Velocity　(3)Variety　(4)Value。

255. ( ) 大數據(Big Data)分析中的"大量數據",指的是哪個特性? (1)
(1)Volume (2)Velocity (3)Variety (4)Veracity。

256. ( ) 大數據(Big Data)分析的標的來源為何? (1)
(1)原始數據(Raw Data) (2)依據統計理論取樣本 (3)隨機取夠多樣本即可 (4)分類取樣本。

> **解析** 大數據(Big Data)分析的標的來源是以全體資料為主,

257. ( ) 大數據(Big Data)對於即時性的資料可以快速加入分析,這特性指的是? (2)
(1)Volume (2)Velocity (3)Variety (4)Veracity。

258. ( ) 大數據(Big Data)分析方式中,最能夠直觀呈現大數據特點的方法是? (1)
(1)可視化分析(Visibility Analysis)
(2)資料探勘(Data Mining)
(3)資料管理分析(Data Management Analysis)
(4)預測性分析(Predictive Analysis)。

259. ( ) 大數據(Big Data)分析因為採用原始數據(Raw Data)處理,常常會發現以前因為科技所限制而忽略的資料,這類資料稱為 (4)
(1)千兆級資料(Peta data) (2)交互式資料(Interaction data)
(3)灰色資料(Gray data) (4)暗資料(Dark data)。

260. ( ) 常用於大數據(Big Data)分析工具 Hadoop 中的 MapReduce 架構主要是執行哪一項功能? (1)
(1)運算處理(Process) (2)互動(Interaction) (3)儲存(Store) (4)叢集(Cluster)。

261. ( ) 大數據(Big Data)分析技術中,常使用 NoSQL 資料庫,下列哪一個是屬於 NoSQL 資料庫軟體? (4)
(1)PostgreSQL (2)Sybase (3)MariaDB (4)MongoDB。

> **解析** NoSQL 資料庫是指非關聯式資料庫,且可使用多種資料模型,包含文件、圖形、鍵值和欄位。NoSQL 資料庫的水平擴展資料模型具有易於開發、可擴展的效能、高可用性及恢復能力等特點。常見 NoSQL 工具有 BigTable 與 HBase。

262. ( ) 對於適用大數據分析的叢集運算框架 Apache Spark 專案中,下列哪項組件是專做分散式機器學習的? (3)
(1)Spark SQL (2)Spark Streaming (3)Spark MLlib (4)GraphX。

> **解析** Apache Spark 的主要特色如下:
> ▶支援 Java、Scala、Python 和 R APIs。
> ▶可擴展至超過 8000 個結點。
> ▶能夠在記憶體內緩存資料集以進行交互式資料分析。
> ▶Scala 或 Python 中的互動式命令列介面可降低橫向擴展資料探索的反應時間。
> ▶Spark Streaming 對即時資料串流的處理具有可擴充性、高吞吐量、可容錯性等特點。
> ▶Spark SQL 支援結構化和和關聯式查詢處理(SQL)。
> ▶MLlib 機器學習演算法和 Graphx 圖形處理演算法的高階函式庫。

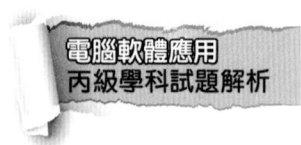

263. ( ) 下列何者程式語言支援 Apache Spark 叢集運算框架？ (1)
(1)Python (2)prolog (3)FORTRAN (4)Auto ISP。

> 解析　Java、Scala、Python 和 R APIs 程式語言支援 Apache Spark 叢集運算框架。

264. ( ) 下列何者是 iPhone 所使用的作業系統？ (1)
(1)iOS (2)Windows (3)Android (4)Unix。

265. ( ) 下列何者是開放手機聯盟(Open Handset Alliance)所領導與開發的智慧裝置作業系 (3)
統？ (1)Linux (2)Windows (3)Android (4)Unix。

266. ( ) 下列何者可以讓智慧裝置透過人造衛星來完成持有者位置的定位？ (1)
(1)GPS 晶片 (2)加速計 (3)陀螺儀 (4)氣壓計。

> 解析　加速計：可以偵測物體各軸加速度變化。
> 陀螺儀：可以偵測物體的傾角變化。
> 氣壓計：可以偵測大氣壓力的變化值。

267. ( ) 智慧裝置透過 Google Maps 之類的電子地圖服務，將地址轉換成為經度與緯度的過 (1)
程稱之為何？
(1)Geocoding (2)Reverse geocoding (3)Finding (4)Searching。

268. ( ) 智慧裝置透過 Google Maps 之類的電子地圖服務，將經度與緯度轉換成為地址的過 (2)
程稱之為何？
(1)Geocoding (2)Reverse geocoding (3)Finding (4)Searching。

269. ( ) 下列何種作業系統的開發者企圖為所有的硬體提供一個統一的平台？ (2)
(1)Debian 8.2 (2)Windows 10 (3)Android 5.01 (4)iOS 9.2.1。

270. ( ) 開發智慧手機程式時，若希望先在個人電腦上做程式的測試，而非直接使用智慧型 (1)
手機來做測試，那麼應該在個人電腦中安裝何者？
(1)手機模擬器 (2)手機驅動程式 (3)手機同步軟體 (4)手機韌體。

271. ( ) MIT App Inventor 2.0 中，可以使用下列何種方塊來讀取變數的值？ (1)
(1)get (2)set to (3)initialize global name to (4)while。

> 解析　`get ▼`

272. ( ) MIT App Inventor 2.0 中，可以使用下列何種方塊來建立整體變數？ (3)
(1)get (2)set to (3)initialize global name to (4)while。

> 解析　`initialize global name to`

273. ( ) MIT App Inventor 2.0 中，若希望透過數值變數之初始值、結束值，以及增加值的 (2)
指定來完成某些方塊的多次執行，應該使用下列何種方塊？
(1)get (2)for each from to (3)set to (4)do。

> 解析　`for each number from / to / by / do`

274. ( ) 下列對於車載通訊發展描述,哪一項是對的? (1)
(1)應用電子、通信、資訊與感測等技術,以整合人、路、車的管理策略
(2)車載通訊用越多將致使交通越惡化
(3)提供定時批次(batch)資訊以增進運輸系統的安全、效率及舒適性
(4)車載通訊只運用於車輛內裝之科技通訊技術。

解析 車載通訊提供定時及時(real time)資訊。

275. ( ) 下列對於智慧穿載裝置的發展描述,哪一項是對的? (4)
(1)智慧型手錶完全沒有提升工作效率的功能
(2)以智慧隱形眼鏡進行侵入式血糖量測,不屬於醫療行為
(3)智慧手環沒有提供個人健康管理功能
(4)智能鞋加上 GPS 可以協助追蹤用戶路線。

276. ( ) 社群媒體發展的預測功能描述,哪一項是對的? (1)
(1)以 Twitter 的消息來追蹤用戶的情緒,可以預測股市漲跌因素之一
(2)無法預測消費者的行為,因此不能作為行銷策略的參考
(3)Twitter 的「鎮定」程度無法預測道瓊斯工業平均指數的走向
(4)Facebook 按「讚」的平均數與經濟成長率預測完全無關。

277. ( ) 對於 Bank 4.0 帶來的轉變,下列哪一項描述是對的? (2)
(1)須增設更多實體人工櫃台
(2)大量運用大數據來分析顧客需求
(3)全面撤除傳統線下(offline)實體交易服務
(4)提供更多服務人員處理銀行收付服務。

解析 Bank 4.0 主要是線上金融服務。

278. ( ) 下列哪一項是 Web 3.0 與 Web 2.0 的差異? (3)
(1)分享內容服務 (2)社群互動服務 (3)語意解析服務 (4)入口網站。

279. ( ) Web 2.0 與 Web 3.0 的比較哪一項是對的? (4)
(1)Web 2.0 強調個人的網路世界,Web 3.0 則強調讀寫互動
(2)Web 2.0 發展分享內容,Web 3.0 則發展靜態內容
(3)Web 2.0 分析使用者行為,Web 3.0 則以標籤、關鍵字分類
(4)Web 2.0 發展部落格網路,Web 3.0 則發展語意化的網路。

280. ( ) 有人運用腦波儀器偵測使用者的腦波變化,作為哪一項狀態的分析? (1)
(1)專注力 (2)思考力 (3)聽力 (4)視力。

281. ( ) 對於智慧交通的描述,下列哪一項是正確的? (1)
(1)可以運用感測器與攝影機來即時分析路況
(2)未經使用者許可之下,仍蒐集行車裝置紀錄來分析路況
(3)運用車間通訊的主要目標是拉遠車輛間的距離
(4)運用智慧交通誘導方式無法降低塞車機率。

282. ( ) 教育 4.0 主要發展下列哪一項方案？ (1)
 (1)個別化課表，依個人學習狀況來訂進度
 (2)運用大量小班面對面的課程來改善教育
 (3)線上單向式教學
 (4)避免使用測驗題考試。

283. ( ) 下列哪一項電影中人物的裝配是屬於智慧穿戴裝置？ (2)
 (1)回到未來中男主角的滑板
 (2)鋼鐵人的面具
 (3)美國隊長的盾牌
 (4)007 操控汽車的搖控器。

284. ( ) IBM 於 2009 年提出下列何種概念，可視為物聯網的雛型？ (2)
 (1)行動地球　(2)智慧地球　(3)智慧城市　(4)感知城市。

285. ( ) 關於物聯網描述，下列敘述何者正確？ (2)
 (1)透過物聯網蒐集的少量資訊也能發揮顯著價值
 (2)物聯網可賦予智慧給物件，並擁有與其他物件或人溝通的能力
 (3)網路層主流關鍵技術包含雲端運算、巨量資料分析、資料探勘、商業智慧（BI）
 (4)物聯網的英文名稱為 Interconnection of Things（IoT）。

 解析 IoT 是 Internet of Thing。
 雲端運算、巨量資料分析、資料探勘、商業智慧是屬應用層技術。
 透過物聯網蒐集的大量資訊也能發揮顯著價值

286. ( ) 主動式標籤的特性為何？ (2)
 (1)不需要電源就可主動回傳資料至讀取器
 (2)通常需要裝配電池才可回傳資料至讀取器
 (3)主動回傳資料至讀取器是採用散射技術
 (4)不會回傳資料至讀取器只能由讀取器自行讀取。

 解析 RFID 分以下三類：
 ▶被動式(Passive)標籤是標籤由讀取器傳送的無線電訊號進行充電，來回應相關資訊，感應距離可達3~5公尺。
 ▶半被動式(Semi-Passive)標籤上有電池，當有事件觸發時可提供電力給標籤，以增加讀取距離、運算能力或效率，感應距離大於 5 公尺。
 ▶主動式(Active)標籤上有電池，可由標籤主動傳輸射頻信號，感應距離可達 100 公尺。

287. ( ) ZigBee 在媒體存取層與實體層是採用下列何者標準協定？ (1)
 (1)IEEE 802.15.4　(2)IEEE 802.11n　(3)IEEE 802.3　(4)IEEE 802.20。

288. ( ) 下列何者屬於智慧交通的一環？ (2)
 (1)測速照相裝置　(2)智慧型號誌控制系統　(3)汽車防竊裝置　(4)物流管理系統。

 解析 智慧交通屬智慧城市一部份，其中包含交控系統、車輛監控、行車導航、車輛安全

289. ( ) 下列何者是智慧電網所設計的目的？ (3)
(1)提高核能發電量 (2)提高電價 (3)管理使用端電量 (4)提供無線上網。

290. ( ) 悠遊卡使用下列何種感測技術？ (2)
(1)Bluetooth (2)RFID (3)Wi-Fi (4)GPS。

291. ( ) 智慧型手機使用下列何種感測器偵測方向及速度？ (1)
(1)三軸加速計 (2)紅外線 (3)超音波 (4)無線射頻。

292. ( ) 歐洲電信標準協會(ETSI)將物聯網分為哪三個階層？ (1)
(1)感知層、網路層、應用層 (2)連結層、網路層、應用層
(3)感知層、傳輸層、應用層 (4)感知層、網路層、連結層。

293. ( ) 下列何者為物聯網的英文名稱？ (2)
(1)Interconnection of Things
(2)Internet of Things
(3)Internet of Telecommunications
(4)Interconnection of Telecommunications。

294. ( ) 有關物聯網的敘述，下列何者正確？ (4)
(1)無須具備自我組織的能力
(2)IPv4 可以滿足物聯網的所有技術需求
(3)只能透過無線網路傳輸訊息
(4)每個物件要有可獨立定址的網路位址，以互聯互通。

295. ( ) 下列哪一家廠商最早提出物聯網的概念？ (3)
(1)Google (2)HP (3)IBM (4)Microsoft。

296. ( ) 有關物聯網之應用層的敘述，下列何者正確？ (4)
(1)提供物與物之間的訊號傳輸 (2)可用於感測溫溼度
(3)負責將感測的資訊傳到雲端 (4)可提供智慧生活的應用。

297. ( ) 下列何者為物聯網之感知層的技術？ (3)
(1)條碼資訊傳播架構 (2)VoIP 網路 (3)無線射頻識別 (4)IP 網路。

298. ( ) 下列何者為台灣政府推動的物聯網相關計畫？ (3)
(1)E-Taiwan (2)N-Taiwan (3)U-Taiwan (4)A-Taiwan。

工作項目 2 應用軟體使用

1. ( ) 下列何者可以增加電腦文書檔案管理的效率？ (3)
   (1)頁首設定　(2)頁碼設定　(3)有系統的檔名命名規則　(4)粗體字。

2. ( ) 在進行文章編修時，下列哪一項設定不會直接影響文章編修的操作？ (1)
   (1)螢幕顏色的設定　　　　(2)插入(Insert)/覆蓋(Replace)的設定
   (3)左右邊界設定　　　　　(4)定位鍵(Tab)設定。

3. ( ) 在 Open Office 套裝軟體內，何種軟體屬於文書處理軟體？ (1)
   (1)Writer　(2)Impress　(3)Calc　(4)Draw。

   解析 OpenOffice 套裝軟體及各版本之副檔名：
   Writer(文書處理)：.sxw(1.1 版)、odt(2.3 版)。
   Calc(試算表)：.sxc(1.1 版)、ods(2.3 版)。
   Impress(簡報)：.sxi(1.1 版)、odp(2.3 版)。
   Draw(繪圖)：.sxd(1.1 版)、odg(2.3 版)。

4. ( ) 在 Open Office 套裝軟體內，何種軟體屬於簡報軟體？ (2)
   (1)Writer　(2)Impress　(3)Calc　(4)Draw。

5. ( ) 下列何者不是作業系統？ (2)
   (1)Windows　(2)Oracle　(3)Unix　(4)Linux。

   解析 Oracle 為資料庫系統。

6. ( ) 下列哪一套電子郵件系統還能兼具有「管理行事曆」的功能？ (3)
   (1)Outlook Express　(2)Netscape　(3)Outlook　(4)cc:Mail。

7. ( ) 哪一個軟體不可以直接把檔案轉換為網頁？ (1)
   (1)Acrobat Reader　(2)Word　(3)PhotoImpact　(4)PowerPoint。

   解析 Acrobat 是製作 PDF 檔。

8. ( ) 哪一種文件我們可以利用 Word 完成？ (4)
   (1)建築設計圖製作　(2)翻譯英文文章　(3)製作動畫　(4)網頁製作。

9. ( ) 以下哪一個行為在 Internet 環境中是違法的？ (2)
   (1)交友　(2)販賣非法軟體　(3)下載自由軟體　(4)聊天。

10. ( ) 下列哪一套軟體為電子郵件軟體？ (3)
    (1)Word　(2)Excel　(3)Outlook　(4)Visio。

    解析 (1) Word：文書軟體　　　(2) Excel：試算表軟體
    (3) Outlook：電子郵件軟體　(4) Visio：繪圖軟體。

11. ( ) 如果想把電子郵件寄送給許多人，卻又不想讓收件者彼此之間知道您寄給哪些人，可以利用下列哪一項功能做到？ (3)
    (1)副本　(2)加密　(3)密件副本　(4)做不到。

工作項目 2 應用軟體使用

12. (4) 為了讓郵件在傳送過程中不被駭客破壞，可以藉由電子郵件系統內之哪一項功能來達成？
    (1)壓縮　(2)反駭客　(3)密件副本　(4)加密。

13. (3) 如果想防止青少年進入一些像是色情或是暴力等網站，IE 瀏覽器可以藉由哪一項功能做到？
    (1)沒有這項功能　(2)加密　(3)分級　(4)分類。

14. (2) 當我們想把喜歡的網站位址保留下來以便未來可以輕易找到，Internet Explorer 可以藉由哪一項功能做到？
    (1)超連結　(2)我的最愛　(3)記錄　(4)我的標籤。

15. (4) 下列哪一種應用軟體不具有繪圖功能？
    (1)Microsoft Word　(2)Microsoft Visio　(3)PhotoImpact　(4)Nero Express。

    解析 Nero Express 是光碟燒錄軟體。

16. (2) 在 Microsoft Word 2010 環境中，若同時按下[Ctrl]+[O]鍵，則會執行下列哪一種動作？
    (1)開新檔案　(2)開啟舊檔　(3)關閉檔案　(4)儲存檔案。

    解析
    [Ctrl]+[O]：開啟舊檔
    [Ctrl]+[N]：開新檔案
    [Ctrl]+[S]：儲存檔案
    [Ctrl]+[W]：關閉檔案

17. (3) 在 Microsoft Word 2010 環境中，若希望將一份文件重複列印 3 份，並自動按份數依序印出，則可在「檔案/列印」選項下選取下列哪一項功能來達成目的？
    (1)反序列印　(2)幕後列印　(3)自動分頁　(4)雙面列印。

18. (1) 在 Microsoft Word 2010 環境中，若要以一個預先建置完成的通訊錄檔案來大量製作信封上的郵寄標籤，下列哪一種製作方法是最簡便者？
    (1)合併列印　(2)範本　(3)版面設定　(4)表格。

19. (4) 若在 Microsoft Word 2016 環境中執行合併列印的動作時，由「插入合併欄位」功能所插入的欄位變數名稱「地址」會被下列何種符號框起來？
    (1)?地址?　(2){地址}　(3)[地址]　(4)《地址》。

20. (4) 下列有關 Microsoft Word 2010 的「欄」之敘述，何者錯誤？
    (1)段落文字以欄寬做為換行的基準　(2)可對不同的節設定不同的欄格式
    (3)先選定部分文字，在進行欄格式設定，Word 會在選定範圍前後位置插入分節符號　(4)欄格式的設定只在直書情況下進行，橫書則不可。

21. (2) 在 Microsoft Word 2010 之「檔案/列印」功能選項中，若只要列印第 2 頁至第 8 頁時，應在對話盒中之「頁面」方框中輸入？
    (1)2~8　(2)2-8　(3)2,8　(4)2:8。

35

22. ( ) 若在 Microsoft Word 2010 環境中要使用二種不同格式的頁碼時，必須在不同頁碼之文件中插入下列何種符號？
(1)分頁　(2)欄　(3)分節　(4)分段。 (3)

23. ( ) 下列應用軟體中，何者不具有文書處理功能？
(1)Microsoft Word　(2)Microsoft Access　(3)WordPad　(4)OpenOffice Writer。 (2)

解析 Microsoft Access 為資料庫軟體。

24. ( ) 在 Microsoft Word 2010 之「檔案/另存新檔」功能選項中，無法將檔案儲存為下列哪一種副檔名的檔案？
(1).pdf　(2).dotx　(3).rtf　(4).pptx。 (4)

解析 .ppt 為 powerponit 的檔案。

25. ( ) 下列有關 Microsoft Word 2010 的「表格」之敘述，何者為錯誤者？
(1)表格內之數字資料可以運算　(2)表格內之數字資料可以被排序
(3)表格內不可以有圖形　(4)表格內之儲存格可以被分割或合併。 (3)

26. ( ) 在 Microsoft Word 之「版面配置」索引標籤內的「直書/橫書」功能選項中，下列哪一種類型的資料無法達到「直書/橫書」的功能？
(1)繁體中文字　(2)簡體中文字　(3)半形英文字　(4)全形英文字。 (3)

27. ( ) 在 Microsoft Word 2016 的操作環境中，若要同時選取某一段文章的第二行第 3 至第 6 個字與第三行第 3 至第 6 個字，則可按住下列哪一個鍵不放，再拖曳滑鼠自第二行第 3 至第三行第 6 個字即可完成選取的動作？
(1)Ctrl 鍵　(2)Alt 鍵　(3)Shift 鍵　(4)Tab 鍵。 (2)

28. ( ) 下列有關 Microsoft Word 2010 的敘述中，何者為錯誤者？
(1)若某一段落被設定為「固定行高」且「行高12點」，而此段落的中文字卻被設定為「大小24點」，則文字的上半部不會顯示出來
(2)可以將圖片插入在文件的頁首區域內
(3)具有「Web 版面配置」模式，可檢視文件的網頁外觀
(4)建立表格時最多只能設定 48 個欄位。 (4)

29. ( ) 下列有關 Microsoft Word 2010 的敘述中，何者為錯誤者？
(1)無法為文字設定註解　(2)可以改變檔案內容的顯示比例　(3)可以製作具有多欄的檔案內容　(4)可以使用書籤快速跳至所定義的位置處。 (1)

30. ( ) 在 Microsoft Word 2010 中，開啟由 Microsoft Word 2003 所建立的.doc 檔案時，在文件視窗標題列會出現下列哪項文字？
(1)安全模式　(2)相容模式　(3)Word 97-2003 模式　(4)保護模式。 (2)

31. ( ) 在 Microsoft Word 2010 中，有關「索引標籤、群組」的敘述，下列哪項錯誤？
(1)可新增索引標籤　(2)可調整「檔案」索引標籤的位置　(3)可隱藏預設的索引標籤　(4)不能隱藏預設的群組。 (2)

32. ( ) 在 Microsoft Word 2010 中，下列何者不是「文字效果」所提供的效果？ (4)
(1)陰影 (2)反射 (3)光暈 (4)浮凸。

33. ( ) 在 Microsoft Word 2010 中，若要從重疊的浮動圖片中，選取整張被其他圖片所 (2)
覆蓋的圖片，在不移動圖片的情形下，運用下列哪項功能最為便捷？ (1)選取物
件 (2)選取窗格 (3)進階尋找 (4)尋找。

34. ( ) 在 Microsoft Word 2010 中，「螢幕擷取畫面」功能可以擷取下列哪些視窗畫面？ (4)
(1)所有最大化的視窗 (2)所有未最小化的開啟視窗 (3)除 Word 視窗外，所有最
大化的視窗 (4)除 Word 視窗外，所有未最小化的開啟視窗。

35. ( ) 在 Microsoft Word 2010 中，下列哪項合併列印可使用「更新標籤」功能？ (3)
(1)信件 (2)信封 (3)標籤 (4)目錄。

36. ( ) 在 Microsoft Word 2010 中，下列哪項合併列印功能，不能使用目前文件作為主 (2)
文件？
(1)信件 (2)標籤 (3)目錄 (4)電子郵件訊息。

37. ( ) 在 Microsoft Word 2010 中，要將文件中的英文字母快速改為全形的字母，可使 (2)
用下列哪項功能？
(1)字型 (2)大小寫轉換 (3)放大字型 (4)亞洲方式配置。

38. ( ) 在 Microsoft Word 2010 中，若要翻譯特定的英文字，可按住下列哪一按鍵，再 (1)
以滑鼠左鍵在單字上按一下，結果就會出現在「參考資料」窗格內？
(1)Alt (2)Ctrl (3)Shift (4)Tab。

39. ( ) 在 Microsoft Word 2010 中，根據 Word 預設值，圖片會在儲存檔案時，以何種解 (2)
析度來壓縮影像？
(1)300ppi (2)220ppi (3)150ppi (4)96ppi。

40. ( ) 在 Microsoft Word 2010 中，「檔案」索引標籤中的「最近」功能，根據 Word (2)
預設值能顯示最近曾經開啟的文件數量為何？
(1)20 (2)25 (3)15 (4)30。

41. ( ) 在 Microsoft Word 2010 中，合併列印的「電子郵件訊息」，透過下列哪項來寄 (3)
送電子郵件？
(1)Facebook (2)Gmail (3)Outlook (4)LINE。

42. ( ) 在 Microsoft Word 2010 中，佈景主題為一組格式設定選項，下列何者不是「佈 (4)
景主題」所組成的項目？
(1)色彩 (2)字型 (3)效果 (4)圖片。

43. ( ) 在 Microsoft Word 2010 中，下列哪個功能不會改變文字間的間距？ (2)
(1)最適文字大小 (2)字元比例 (3)字元間距 (4)分散對齊。

44. ( ) 在 Microsoft Word 2010 中，若選取文件中的部分文字將其分為二欄，則 Word 會自動在文件中加入下列哪個符號？
(1)分節符號　(2)分欄符號　(3)分行符號　(4)定位符號。 (1)

45. ( ) 在 Microsoft Word 2010 中，在整頁模式時若要將頁首頁尾區域展開，可在紙張上、下邊緣如何操作？
(1)按滑鼠左鍵兩下　　　　(2)按滑鼠左鍵一下
(3)以滑鼠左鍵往上拖曳　　(4)以滑鼠左鍵往下拖曳。 (1)

46. ( ) 在 Microsoft Word 2010 中，「圖片效果」不具有哪項效果？
(1)光暈　(2)填滿　(3)浮凸　(4)立體旋轉。 (2)

47. ( ) 在 Microsoft Word 2010 中，下列何者不是「設定圖片格式」的「反射」效果可調整之項目？
(1)大小　(2)距離　(3)模糊　(4)對比。 (4)

48. ( ) 在 Microsoft Word 2010 中，製作「目錄」時，下列何者可作為「項目資料來源」？
(1)標號　(2)項目標記　(3)書籤　(4)樣式。 (4)

49. ( ) 在 Microsoft Word 2010 中，製作紙張方向為直向及橫向同時存在的文件時，需在文件中插入下列哪個符號？
(1)分欄符號　(2)分節符號(下一頁)　(3)分頁符號　(4)文字換行分隔符號。 (2)

50. ( ) Mac OS 使用幾個點的多指觸控左右滑動來切換全螢幕操作視窗？
(1)1　(2)2　(3)3　(4)4。 (4)

51. ( ) Mac OS 中的 iWork 不包含以下哪些應用軟體？
(1)Keynote　(2)Pages　(3)Numbers　(4)Words。 (4)

52. ( ) Mac OS 研發程式最常使用 Xcode IDE，其所使用的語言是？
(1)Java　(2)C#　(3)Objective-C　(4)C++。 (3)

53. ( ) 下列哪一個程式語言依然還保存 pointer 的概念？
(1)Java　(2)C#　(3)Objective-C　(4)Basic。 (3)

54. ( ) MacOS 使用幾個點的多指觸控是相當於 MS-Windows 快顯功能表的功能？　(1)1　(2)2　(3)3　(4)4。 (2)

55. ( ) Microsoft Office 從哪個版本開始支援 ODF？
(1)2003　(2)2007 SP2　(3)2010　(4)2013。 (2)

56. ( ) Microsoft Office 從哪個版本開始支援 ODF 1.2？
(1)2003　(2)2007 SP2　(3)2010　(4)2013。 (4)

57. ( ) 下列何者是開放文檔格式(Open Document Format)所規範的簡報檔案副檔名？
(1).ppt　(2).pptx　(3).odt　(4).odp。 (4)

58. ( ) 下列何者是開放文檔格式(Open Document Format)所規範的文件檔案副檔名？
(1).doc　(2).docx　(3).odt　(4).odp。 (3)

59. ( ) 下列何者是開放文檔格式(Open Document Format)所規範的試算表檔案副檔名？ (4)
(1).xls (2).xlsx (3).odt (4).ods。

60. ( ) 下列何者是開放文檔格式(Open Document Format)所規範的資料庫檔案副檔名？ (4)
(1).dbf (2).mdb (3).accdb (4).odb。

61. ( ) 2007 SP2以前版本的Microsoft Office可以使用何種軟體來開啟ODF 1.1檔案？ (2)
(1)Adobe Acrobat XI 11.0.10
(2)Open XML/ODF Translator Add-ins for Office 4.0
(3)Firefox 36.0.1
(4)Android 5.0。

工作項目 3　系統軟體應用

1. ( ) 下列何者是指電腦中所使用的中文字形,是依每一筆劃的起點、方向以及終點等資料儲存？　(1)矩陣法　(2)點字法　(3)線段法　(4)字根法。　(3)

2. ( ) 關於「中文內碼」的說明,下列何者正確？　(1)
(1)一字一碼,長度一定　　(2)一字一碼,長度不定
(3)一字多碼,長度一定　　(4)一字多碼,長度不定。

3. ( ) 下列作業系統中,何者沒有支援圖型化界面？　(3)
(1)OS/2　(2)UNIX　(3)MS-DOS　(4)Windows 8。

> 解析　MS-DOS 為早期個人電腦作業系統是指令操作模式。

4. ( ) 電腦中,一個 24×24 點的中文字形,在記憶體中共佔用了多少位元組？　(2)
(1)48　(2)72　(3)64　(4)24。

> 解析　24 × 24 ÷ 8 bits = 72Bytes。

5. ( ) 目前中文內碼(BIG-5)中,使用兩個位元組,其高位元組十六進位值均大於下列何值？　(1)
(1)80　(2)10　(3)40　(4)F0。

> 解析　$(10000000)(xxxxxxxx)_2 = (80)(xx)_{16}$

6. ( ) 下列何者是多人多工的作業系統？　(3)
(1)Windows　(2)CP/M　(3)UNIX　(4)MS-DOS。

> 解析　Windows、CP/M(Apple II 8 位元作業系統)、DOS(16 位元作業系統)均為單人作業系統。

7. ( ) 在「命令提示字元」下,無法執行下列哪一種格式的檔案？　(3)
(1).BAT 檔　(2).EXE 檔　(3).SYS 檔　(4).COM 檔。

> 解析　.SYS 檔為系統參數檔案。.BAT 檔為批次作業檔。.EXE 檔、.COM 檔為執行檔。

8. ( ) 下列哪一種印表機一定無法列印中文字？　(1)
(1)菊輪式印表機　(2)噴墨式印表機　(3)雷射印表機　(4)點陣式印表機。

> 解析　菊輪式印表機屬撞擊式印表機,由固定字模來打印,通常為英數字。

9. ( ) 何種副檔名的檔案其內容包含控制硬體操作的裝置資訊或指令檔？　(3)
(1)exe　(2)bat　(3)inf　(4)tmp。

> 解析　(1) exe：執行檔　(2) bat：批次檔　(3) inf：指令檔　(4) tmp：暫存檔

10. ( ) 在 Windows 10 的環境中,下列何者可將「當我按下電源按鈕時」的功能設定為休眠？　(3)
(1)個人化　(2)輕鬆存取　(3)電源與睡眠　(4)更新與安全性。

工作項目 3 系統軟體應用

11. ( ) 使用 Windows 7 的「網路」，無法分享下列哪一項？ (4)
    (1)區域網路上的其他電腦的檔案　(2)區域網路上的其他電腦上的印表機
    (3)區域網路上的其他伺服器　(4)區域網路上的數據機。

12. ( ) 以下哪一個不是 Windows 8 提供的通訊協定？ (4)
    (1)TCP/IP　(2)NetBEUI　(3)IPX/SPX 相容通訊協定　(4)NetRom。

    解析 (1) TCP/IP：網際網路協定；(2) IPX/SPX：Netware 通訊協定；
    (3) NetBUEI：微軟通訊協定。

13. ( ) 以下哪一個不是在安裝 Windows 8 時必須要注意的要素？ (1)
    (1)是否已安裝音效卡　(2)記憶體是否足夠
    (3)CPU 速度是否為 1GHz 以上　(4)硬碟可用空間是否夠大。

    解析 未安裝音效卡並不會影響 windows 的執行。

14. ( ) 關於在「Windows 10 安裝 USB 介面的硬體」的敘述，下列何者錯誤？ (2)
    (1)系統會自動偵測到硬體，並啟動「找到新硬體精靈」
    (2)要關機才能將硬體接上連接埠
    (3)不可接到 IEEE1394 的連接埠
    (4)USB 支援隨插即用。

    解析 USB 允許熱插拔。

15. ( ) Windows 8 使用的長檔名，不能含下列哪個字元？ (2)
    (1)空白　(2)＊　(3)【　(4)＄。

    解析 Windows 8 使用的檔名之命名，不得包含「＊」、「/」、「\」、「：」、「？」、「"」、
    「＜」、「＞」、「｜」等。

16. ( ) 要使用下列哪一組按鍵，可以顯示「開始」功能表？ (2)
    (1)Alt+Shift　(2)Ctrl+Esc　(3)Ctrl+Alt　(4)Alt+Esc。

    解析 Ctrl+Esc 顯示「開始」功能表。Alt+Esc 切換不同視窗。

17. ( ) 在 Windows 7 下已經同時執行多個程式，但想透過按鍵方式來選擇其中某一個程式 (2)
    成為使用中應用程式，下列哪個操作描述是正確的？
    (1)先按住 Ctrl 鍵，再利用 Tab 鍵來依序切換到所要的應用程式
    (2)先按住 Alt 鍵，再利用 Tab 鍵來依序切換到所要的應用程式
    (3)同時按下 Ctrl+Tab 鍵幾次，以切換到所要的應用程式
    (4)同時按下 Alt+Tab 鍵幾次，以切換到所要的應用程式。

18. ( ) 當要離開 Windows 10 並關閉電腦，以下何種方式為正確的方式？ (3)
    (1)按 PC 上的 Reset 鍵　(2)關閉 PC 上的電源
    (3)使用開始功能表的電腦關機指令　(4)按 Ctrl+Alt+Delete 鍵。

19. ( ) 若在 Windows 8 下開啟五個應用程式，並且要各自使用不同的輸入法？ (4)
    (1)無法做到　(2)最多只能使用兩種輸入法
    (3)最多可使用四種輸入法　(4)有提供此一功能。

20. ( ) 在 Windows 8 的「檔案總管」中之「本機」圖示上按右鍵,並選擇快顯功能表中的 (1)
「內容」,則會出現哪個視窗?
(1)系統內容　(2)磁碟內容　(3)顯示內容　(4)控制台。

21. ( ) 如果要在 Windows 7 下輸入「法文」字,應該要如何操作? (4)
(1)更換為法文鍵盤　　　　　　　(2)國別設定為法國
(3)輸入法設定為法文　　　　　　(4)鍵盤語系設定為法文。

22. ( ) 在 Windows 7 的環境下,想要擷取畫面上的某一區域,下列描述何者是正確的? (2)
(1)同時按下 Shift+PrtSc 鍵即可指定區域
(2)使用「剪取工具」程式
(3)一定要另外購買安裝畫面擷取應用程式
(4)按右鍵出現快顯功能表,選擇「複製」功能。

23. ( ) Windows 8 在已設定印表機的「印表機內容」選擇「連接埠」,要設定使用的連接 (3)
埠,下列哪一項不會出現在選擇清單下?
(1)LPT1　(2)File:　(3)PS/2　(4)COM1。

解析 PS/2:鍵盤或滑鼠圓形接頭規格。

24. ( ) 在 Windows 10 之「裝置管理員」內發現有任何裝置與別的裝置發生衝突,會在該 (2)
裝置前面顯示什麼符號?
(1)問號　(2)驚歎號　(3)打 X　(4)錢幣符號。

解析
(1) 問號:不明硬體設備。
(2) 驚歎號:驅動程式不正確。
(3) 打 X:停止使用。

25. ( ) 當在 Windows 8 系統登入並鍵入密碼時,其大小寫不正確會導致什麼結果? (3)
(1)仍可以進入 Windows 8　　　　(2)進入 Windows 8 的安全模式
(3)要求重新輸入密碼　　　　　　(4)關閉 Windows 8 並重新開機。

26. ( ) 在 Windows 8 中,能保留原使用者之工作,並能切換到另一個使用者帳號,此功能 (2)
為何?
(1)登入　(2)切換使用者　(3)登出　(4)重新啟動。

27. ( ) 作業系統的主要功能為記憶體管理、處理機管理、設備管理及下列哪一項? (2)
(1)資料管理　(2)I/O 管理　(3)中文管理　(4)程式管理。

28. ( ) 下列作業中,哪一項並非作業系統所提供之功能? (3)
(1)分時作業(Time-sharing)
(2)多工作業(Multitasking)
(3)程式翻譯作業(Language Translation)
(4)多工程式作業(Multi-programming)。

解析 程式翻譯作業為應用軟體所提供的功能

29. ( ) 作業系統(Operating System)之主要目的，是為了幫助使用者更有效率及更方便的使用電腦的硬體資源，下列哪一項不是一種作業系統的名稱？
(1)Windows　(2)Linux　(3)PL/1　(4)UNIX。　(3)

解析 PL/1 為一種程式語言

30. ( ) 在 Linux 系統中，若要查看其他指令用途及說明，可使用下列哪一個指令？
(1)more　(2)man　(3)make　(4)mkdir。　(2)

31. ( ) 下列敘述何者不正確？
(1)BCD 碼使用一組 4 位元表示一個十進位制的數字　(2)通用漢字標準交換碼為目前我國之國家標準交換碼　(3)ASCII 碼為常用的文數字資料的編碼　(4)BIG-5 碼是中文的外碼。　(4)

解析 BIG-5 碼是中文內碼

32. ( ) 在中文資料處理中，兩種不同資料之傳送過程必須靠下列何種碼來傳送？
(1)輸入碼　(2)內碼　(3)交換碼　(4)輸出碼。　(3)

33. ( ) 下列哪一個負責監督電腦系統工作？
(1)作業系統　(2)套裝程式　(3)應用程式　(4)編譯程式。　(1)

34. ( ) 對於 Windows 10 桌面模式的「開始」鈕操作介面敘述，下列何者正確？
(1)只具有功能表　(2)只具有動態磚功能　(3)可以在「個人化」進行顯示應用程式清單的設定　(4)不能設定為全螢幕顯示。　(3)

35. ( ) Windows 8 的檔案屬性不包含下列何者？
(1)唯讀　(2)隱藏　(3)共享　(4)保存。　(3)

36. ( ) 在 Linux 作業系統下，使用何種指令可以顯示目前的目錄？
(1)makdir　(2)fg　(3)pwd　(4)cat。　(3)

解析 (1) makdir：建立新目錄　　(2) fg：啟動被暫停的 job，並改為前景作業
(3) pwd：列出現在的工作目錄　(4) cat：顯示檔案內容

37. ( ) 關於 Windows 8 的「檔案總管」的敘述，何者為不正確？
(1)可以用來複檔案　　　　　　(2)可以用來設定版面配置方式
(3)可以用來尋找檔案　　　　　(4)可以用來分割硬碟區間。　(4)

解析 分割硬碟區間：控制台\系統\電腦管理

38. ( ) 在 Windows 8 系統中，能暫時將 RAM 資訊存在硬體，讓系統處於待命且省電的狀態，此為何項功能？
(1)關機　(2)安全模式　(3)休眠　(4)重新啟動。　(3)

39. ( ) 對於 Windows 7 的「TrueType 造字程式」的敘述，下列何者為真？
(1)可以指定跟現有輸入法結合　　(2)無法匯入點陣字型檔
(3)只能設定使用 UNICODE 的字碼　(4)可以造出向量字型。　(1)

40. ( ) 要利用 Windows 7 的「撥號網路」連接上 Internet，必須設定下列哪一個網路通訊協定？ (3)
(1)IPX/SPX (2)NetBUEI (3)TCP/IP (4)DLC。

解析 (1) TCP/IP：網際網路協定；(2) IPX/SPX：Netware 通訊協定；
(3) NetBUEI：微軟通訊協定。

41. ( ) 在 Windows 7 的桌面上按一下滑鼠右鍵，並選擇「個人化」指令，則會開啟控制台的哪一個項目？ (3)
(1)變更桌面圖示 (2)變更帳戶圖示
(3)變更電腦視覺效果與音效 (4)顯示。

42. ( ) 在 Windows 8 下提供檔案共享，且只准許能檢視檔案資料但不准變更，則使用權限應設定為？ (3)
(1)完全控制 (2)變更 (3)讀取 (4)複製。

43. ( ) 在 Windows 7 的「系統工具」下，不具備下列何種功能？ (3)
(1)系統資訊 (2)清理磁碟 (3)公用程式管理員 (4)磁碟重組工具。

解析 Windows 7 的「系統工具」下有系統資訊、清理磁碟、系統還原、磁碟重組工具、資訊安全中心、排定的工作、字元對應表及檔案及設定移轉精靈。

44. ( ) 若想要更改 Windows 7 開始功能表的內容，需要在何處設定？ (1)
(1)選取工作列的「開始」功能表，按右鍵再選取「內容」選項 (2)選取檔案總管的「編輯」 (3)選取控制台的「系統」 (4)選取工作列的「工作管理員」選項。

45. ( ) 在 Windows 8 中，若按一下滑鼠左鍵，卻出現按右鍵的快捷功能表指令，以下何者為可能的原因？ (2)
(1)滑鼠故障 (2)控制台的「滑鼠」設定，被切換主要及次要按鈕 (3)滑鼠的驅動程式設定有誤 (4)滑鼠未安裝。

46. ( ) 因為經常會在 Windows 7 下複製及刪除檔案，應定期執行下列何種程式，以整理硬碟空間，讓檔案能儘量在連續磁區中被存放？ (3)
(1)磁碟壓縮程式 (2)磁碟掃描工具 (3)磁碟重組工具 (4)病毒掃描程式。

解析 (1) 磁碟清理程式：搜尋硬碟，並列出可以安全刪除的暫時檔、Internet 快取檔與不必要的程式檔，以協助釋放硬碟空間。
(2) 磁碟掃描工具：檢查硬碟的邏輯與實體錯誤，並修復受損區域。
(3) 磁碟壓縮工具：將檔案壓縮檔案容量變小。
(4) 磁碟重組程式：重新安排硬碟上的檔案及未使用的空間，使程式執行速度加快。

47. ( ) 下列何種中文輸入法與拆碼無關？ (2)
(1)行列輸入法 (2)手寫輸入法 (3)大易輸入法 (4)倉頡輸入法。

48. ( ) 在 Windows 8 的「命令提示字元」視窗中，下列哪一項目中所示兩個指令的功能不一樣？ (4)
(1)CHDIR 與 CD (2)MKDIR 與 MD (3)RENAME 與 REN (4)VERIFY 與 VER。

解析 VERIFY：檢查檔案。
VER：系統版本。

49. ( ) 在 Windows 10 的「命令提示字元」視窗中，下列敘述何者錯誤？ (4)
(1)根目錄(Root)也是一個目錄，而且不能被刪除 (2)VER 指令用於顯示 Windows 版本 (3)RMDIR 所欲刪除之目錄必須是個空目錄，否則將會拒絕刪除 (4)如果根目錄下沒有 USR 這個子目錄(Subdirectory)就不能執行 MD\USR\ABC。

50. ( ) 何者為 Internet 的遠端登入(login)功能？ (1)
(1)telnet (2)ping (3)cmd (4)crd。

解析 ping：偵測電腦或網路設備間的連線狀況。
cmd：開啟「命令提示字元」視窗。

51. ( ) 在 Windows 7 的「命令提示字元」視窗中，下達「COPY C:TEST.ABC D:*.TXT」指令後，以下敘述何者正確？ (3)
(1)D 磁碟會產生檔名為 TEST.ABC 的檔案 (2)C 磁碟檔名為 TEST.ABC 的檔案將會不存在 (3)D 磁碟會產生檔名為 TEST.TXT 的檔案 (4)C 磁碟會產生檔名為 TEST.TXT 的檔案。

解析 「*」代表萬用字元。

52. ( ) 數據機傳輸資料的速率之單位為何？ (1)
(1)bps(bit per second) (2)Bps(Byte per second)
(3)Mps(Mega per second) (4)Gps(Giga per second)。

53. ( ) 「注音輸入法」是依照文字的什麼輸入？ (4)
(1)字形 (2)字根 (3)字義 (4)字音。

54. ( ) 在 Windows 8 的「命令提示字元」視窗中，以下哪一種不是可執行檔案的副檔名？ (4)
(1).bat (2).exe (3).com (4).prg。

解析 (1)bat 檔為批次作業檔。
(2)exe 檔為可執行檔。
(3)com 檔為命令檔。
(4)prg 檔為程式檔。

55. ( ) 在 Windows 8 的「命令提示字元」視窗中，使用 DEL 命令刪除某個檔案時，螢幕出現「存取被拒」訊息，表示此要被刪除的檔案屬性為下列何者？ (4)
(1)共享(Shared)檔案 (2)系統(System)檔案
(3)隱藏(Hidden)檔案 (4)唯讀(Read-Only)檔案

解析 唯讀(Read-Only)檔案僅能被讀取無存入或刪除。

56. ( ) 下列系統何者可幫助使用者管理硬體資源，使電腦發揮最大的效能？ (1)
(1)作業系統 (2)媒體 (3)資料系統 (4)編修系統。

57. ( ) 下列敘述，何者錯誤？　(2)
(1)程式執行、檔案存取等皆屬於作業系統服務範疇
(2)COBOL 及 BASIC 皆屬於作業系統軟體
(3)電腦系統包含硬體、作業系統、應用程式及使用者
(4)作業系統目的是為了更方便和更有效率的使用電腦

解析 COBOL 及 BASIC 皆屬於程式語言。

58. ( ) 下列何者符合程式多工處理(Multiprogramming)的工作原理？　(2)
(1)處理完一件工作後，才處理下一件工作　(2)電腦一次可以處理多個工作(Process)，但同一時段內只處理一件工作中的一部分　(3)同時段內處理所有工作的輸出入動作(I/O Operation)　(4)電腦同時段內可處理多件工作。

解析 程式多工處理(Multiprogramming)的工作原理是在一定的時間中處理多個作業，CPU利用完成一個作業的閒置時間，馬上轉移控制權進行另一個作業。

59. ( ) 使用直譯器(Interpreter)將程式翻譯成機器語言的方式，下列敘述何者正確？　(4)
(1)直譯器與編譯器(Compiler)翻譯方式一樣
(2)先翻譯成目的碼再執行之
(3)在鍵入程式的同時，立即翻譯並執行
(4)依行號順序，依序翻譯並執行。

解析 直譯器將原始碼逐行翻譯為機器語言並且執行。

60. ( ) 下列何者不屬於系統軟體？　(3)
(1)公用程式(Utility)　(2)作業系統(Operating System)
(3)會計系統(Accounting System)　(4)編譯程式(Compiler)。

解析 會計系統屬於應用軟體。

61. ( ) 在安裝界面卡時，若 PC 內已有其他界面卡，則應該注意 I/O 位址、IRQ 及下列哪一項是否相衝突？　(1)
(1)DMA　(2)Baud Rate　(3)Packet Size　(4)Frame Size。

解析 (1)DMA：直接記憶體存取，允許介面裝置與記憶體之間直接轉移資料而不需經由CPU的參與的一種裝置。
(2)Baud Rate：鮑率，串列通訊資料傳輸的速率。
(3)Packet Size：封包大小。
(4)Frame Size：每一張影像大小。

62. ( ) 下列敘述何者正確？　(2)
(1)編譯器(Compiler)可編譯應用程式，故屬於應用軟體　(2)物流管理系統屬於，應用軟體　(3)作業系統不能編譯程式，所以不是系統軟體　(4)作業系統(Operation System)可以編譯程式，所以屬於系統軟體。

解析 (1)編譯器(Compiler)可編譯應用程式，故屬於公用程式。
(2)作業系統屬系統軟體之一。

工作項目 3 系統軟體應用

63. ( ) 下列何者是一種高速的數位電話服務,可提高使用者連接 Internet 或公司區域網路 (LAN)的速度? (2)
(1)ADSL　(2)ISDN　(3)ISBN　(4)ETHERNET。

64. ( ) 在 Windows 7 中,如果執行「開始」功能表中的「登出」選項,會執行哪一個動作? (3)
(1)關閉 Windows 7　　(2)重新啟動 Windows 7
(3)可以讓新的使用者登入　　(4)讓電腦運作暫停可以省電。

65. ( ) 下列何者不是 Windows 7 中文版的「注音輸入法」所內定的鍵盤排列方式? (1)標準　(2)倚天　(3)IBM　(4)王安。 (4)

66. ( ) 在 Linux 下發送電子郵件之指令為? (1)
(1)mail　(2)vi　(3)mv　(4)vc。

解析 (2) vi：文書編輯軟體　(3) mv：檔案搬移或更名　(4) vc：Visual C。

67. ( ) 下列何者具有「動態連結函式庫及支援動態資料交換」功能? (3)
(1)IDE　(2)OCR　(3)OLE　(4)OEM。

解析 (1) IDE：硬碟規格之一　(2) OCR：光學辨識軟體
(3) OLE：動態連結函式庫及支援動態資料交換　(4) OEM：委外加工。

68. ( ) 以下的檔案格式中,何者無法在 Windows 7 的「媒體播放程式 Media Player」播放? (3)
(1).AVI　(2).WAV　(3).RMVB　(4).MID。

解析 (3)RMVB 為 RealPlay 的影音檔。

69. ( ) 在 Windows 8 的檔案總管中,如果想要透過一組按鍵選取全部檔案,應使用下列哪組組合鍵? (3)
(1)Alt+A　(2)FN+A　(3)Ctrl+A　(4)Shift+A。

解析 Ctrl+A：全選。

70. ( ) 有關 Windows 8.1 的「錄音機」程式,下列敘述哪一項正確? (2)
(1)可以執行混音處理　　(2)可以錄製電腦播放的聲音
(3)可以儲存為 midi 檔　　(4)可以加入迴音效果。

71. ( ) 在 Windows 8 下,下列何者為預設的字型? (1)
(1)TrueType 字型　(2)點陣字型　(3)ClearType 字型　(4)向量字型。

72. ( ) Windows 7 中所使用的「Windows Media Player」程式,不具有下列哪一項功能? (3)
(1)擷取音樂　(2)播放 CD　(3)轉錄成 MP4 檔案　(4)觀看網路電視的串流視訊。

73. ( ) 以下何者為 CD 音效的取樣頻率? (1)
(1)44.1KHz　(2)22.05KHz　(3)11.025KHz　(4)33.75KHz。

74. ( ) Windows Movie Maker 2012 可以快速簡易的完成個人影片製作,但是下列哪一種是該程式所無法匯入使用的素材? (3)
(1).png 檔案　(2).mod 檔案　(3).mdf 檔案　(4).mp3 檔案。

75. ( ) 有關 Windows 7 環境下,可以使用哪個程式來指定使用者登入時,自動執行的指定程式? (2)
(1)資源監視器　(2)工作排程器　(3)執行　(4)同步中心。

76. ( ) 在 Windows 7 系統中,下列何者是正確安裝軟體的方法? (1)將軟體光碟放入光碟機,系統會啟動自動安裝程式　(2)使用程式集的啟動選項　(3)使用開始功能表的執行選項　(4)使用控制台的解除安裝程式。 (1)

77. ( ) 在 Windows 7 的「WordPad」軟體在預設狀況下,無法將資料儲存成下列哪一種檔案類型?　(1).txt　(2).odg　(3).rtf　(4).odt。 (2)

78. ( ) 在 Windows 8 的環境中,使用 Windows Defender 程式不能夠執行以下哪一個操作? (2)
(1)定時掃描電腦　　　　　(2)電腦設定檔備份復原
(3)防護惡意或間諜程式　　(4)偵測電腦病毒。

79. ( ) 想要在啟動 Windows Server 2016 的時候啟動某一程式,可以將欲啟動的程式放在下列何處? (1)
(1)啟動資料夾　(2)Win.ini 中　(3)系統的啟動　(4)使用者設定檔。

80. ( ) 在 Windows 的作業系統中,對於檔案的管理是採用何種結構? (2)
(1)環狀　(2)樹狀　(3)網狀　(4)線狀。

81. ( )「台灣學術網路」簡稱為何? (1)
(1)TANET　(2)TELNET　(3)INTERNET　(4)SEEDNET。

82. ( ) 下列何者不是作業系統的功能? (3)
(1)輸出／入裝置的管理　　(2)處理程序的管理
(3)輸入法的管理　　　　　(4)記憶體的管理。

解析　輸入法屬於應用軟體。
作業系統的主要功能有提供使用者介面、管理系統資源(如行程管理、檔案系統管理、輸出入裝置、記憶體管理等)、提供程式執行的環境及系統呼叫服務。

83. ( ) 銀行的每半年一次的計息工作,適合使用下列哪一種作業方式? (3)
(1)即時處理作業　　　　　(2)交談式處理作業
(3)批次處理作業　　　　　(4)平行式處理作業。

解析　平行式處理作業;單一電腦中,有多個中央處理器 CPU,以平行處理模式處理工作排程中的工作。

84. ( ) 硬碟結構中的系統區,檔案的真實位置被完整記錄在哪一區中? (2)
(1)硬碟分割區　(2)檔案配置區　(3)根目錄區　(4)啟動區。

解析　檔案配置區(FAT,File Allocation Table),記錄檔案在磁碟中所在位置。

85. ( ) 在 Windows 10 作業系統環境下,要使用 2 個顯示器分別顯示不同的軟體視窗,則要在「多顯示器」表單選取下列哪項功能? (1)
(1)延伸這些顯示器　　　　(2)在這些顯示器上同步顯示
(3)只在 1 顯示　　　　　　(4)只在 2 顯示。

工作項目 3 系統軟體應用

86. (4) 在系統軟體中,透過軟體與輔助儲存裝置來擴展主記憶體容量,使數個大型程式得以同時放在主記憶體內執行的技術是?
(1)抽取式硬碟(Removable Disk)　(2)虛擬磁碟機(Virtual Disk)
(3)延伸記憶體(Extended Memory)　(4)虛擬記憶體(Virtual Memory)。

> 解析　虛擬磁碟機(Virtual Disk):是一種將電腦記憶體分割出一個記憶體區塊,虛擬成一個磁碟來做暫時使用,可以在檔案多點下載使用避免在多點存取時傷害到硬碟。

87. (4) 下列有關「符合綠色環保電腦的條件」之敘述,何者不正確?
(1)必須是省電的　　　　　　(2)必須符合人體工學
(3)必須是低污染,低輻射　　　(4)必須是木製外殼

88. (3) 以下何種內碼可以涵蓋世界各種不同文字?
(1)ASCII　(2)BIG-5　(3)UNICODE　(4)EBCDIC。

89. (3) 下列的作業系統中,何者無法在 PC 上使用?
(1)SCO-UNIX　(2)Windows Server 2016　(3)VAX-11　(4)Windows 8。

> 解析　VAX-11 屬於大型電腦的作業系統。

90. (4) 在一部 PC 中不能安裝下列哪一種作業系統?
(1)Windows Server 2016　(2)Windows 8　(3)Linux　(4)AS400

> 解析　AS400 屬於工作站之作業系統,無法安裝在 80x 系列 CPU 的電腦上。

91. (3) 在 Windows 10 中,下列哪一個操作,可以顯示快顯功能表?
(1)按一下滑鼠左鍵　　　　(2)按二下滑鼠左鍵
(3)按一下滑鼠右鍵　　　　(4)按一下滑鼠左鍵並拖曳。

92. (4) 在 Windows 8 的檔案總管中,如果要更改檔案的屬性,應在選取這個檔案後,按一下滑鼠右鍵,在快顯功能表中選取哪一個指令?
(1)重新命名　(2)傳送到　(3)開啟　(4)內容。

93. (2) 在 Windows 8 的「檔案總管」中,選取 C 磁碟中的一個資料夾,然後拖曳至 D 磁碟的中,是執行下列哪一個動作?
(1)搬移　(2)複製　(3)剪下　(4)刪除。

94. (4) 在 Windows 8 的「檔案總管」中,選取 C 磁碟中的一個程式檔案,並拖曳至桌面上,會產生什麼結果?
(1)將檔案內容顯示桌面上　　(2)這個操作不被允許
(3)刪除這個檔案　　　　　　(4)將這個檔案搬移到桌面上。

95. (1) 在 Windows 10 中,如果要更改顯示器的解析度,應該在哪裡設定?
(1)調整解析度　(2)調整亮度　(3)校正色彩　(4)設定自訂文字大小。

96. (3) 在 Windows 7 中,若要更改顯示器的視窗外框色彩,應在「個人化」視窗按哪一個選項?　(1)桌面背景　(2)音效　(3)視窗色彩　(4)螢幕保護裝置。

97. ( ) 在 Windows 7 中,在中文輸入狀態下,要在螢幕上顯示符號小鍵盤的預設值為按下列哪一個按鍵? (1)

(1)Ctrl+Alt+, (2)Ctrl+Alt+M (3)Ctrl+Alt+K (4)Ctrl+Alt+L。

> **解析**
> (1) Ctrl+Alt+,:符號切換。
> (2) Ctrl+Alt+G:重送前一次輸入的字串。
> (3) Ctrl+Alt+K:上個組字字根。
> (4) Ctrl+Alt+L:UI 樣式切換。

98. ( ) 在 Windows 7 中,在中文輸入狀態下,要重送前一次輸入的字串,預設值為按下列哪一組按鍵? (2)

(1)Ctrl+Alt+R (2)Ctrl+Alt+G (3)Ctrl+Alt+K (4)Ctrl+Alt+L。

99. ( ) 在 Windows 7 中,在中文輸入法中,要切換不同的輸入法,預設值為按下列哪一個按鍵? (2)

(1)Ctrl+Space (2)Ctrl+Shift (3)Shift+Space (4)Ctrl+Alt。

> **解析**
> (1) Ctrl+Space:開啟和關閉中文輸入法。
> (2) Ctrl+Shift:切換不同的輸入法。
> (3) Shift+Space:切換半形/全形。

100. ( ) 在 Windows 7 中,在中文輸入法中,要切換全型和半型輸入,預設值為按下列哪一個按鍵? (3)

(1)Ctrl+Space (2)Ctrl+Shift (3)Shift+Space (4)Ctrl+Alt。

101. ( ) 在 Windows 10 中,在中文輸入法中,要開啟和關閉中文輸入法,預設值為按下列哪一個按鍵? (1)

(1)Ctrl+Space (2)Ctrl+Shift (3)Shift+Space (4)Ctrl+Alt。

102. ( ) Windows 10 內建防火牆(Firewall)的功能敘述,下列何者有誤? (4)
(1)可阻擋未設定為例外的應用程式與網際網路連接 (2)可偵測或停用電腦上的病毒及蠕蟲 (3)可記錄連線至電腦的所有成功、失敗相關資訊 (4)可阻擋 ICMP 封包,避免網際網路的攻擊。

103. ( ) 在 Windows 7 系統中,具有系統管理員的身份,其屬於何種使用者帳戶? (3)
(1)標準 (2)來賓 (3)系統管理員 (4)Replicator。

104. ( ) 在 Windows 7 中,若要使用全球資訊網(WWW),必須在網路中設定哪一種通訊協定? (1)TCP/IP (2)IPX/SPX (3)NetBUEI (4)DLC。 (1)

105. ( ) 下列何者是合法的一致性命名慣例 UNC(Uniform Naming Convention)? (2)
(1)\\BYTE\program (2)\\COM\document\
(3)H:\XCD\program (4)\\DATA\G:\ 。

106. ( ) 在 Windows 7 中,要依裝置類型來檢視電腦中的硬體裝置,應該在哪一個項目查看? (2)
(1)遠端設定 (2)裝置管理員 (3)系統保護 (4)效能。

107. ( ) 在 Windows 7 中所使用的 TrueType 字型，其檔案類型為下列哪一個？ (2)
(1).sys　(2).ttf　(3).ini　(4).fon。

108. ( ) 在 Windows 10 預設環境中，要選擇不同的中文輸入法，可以使用何鍵來選擇？ (1)
(1)⊞+空白鍵　(2)⊞+C　(3)⊞+F　(4)⊞+Alt。

109. ( ) 在 Windows 7 中，用來搜尋硬碟，並列出可以安全刪除的暫時檔、Internet 快取檔與不必要的程式檔，以協助釋放硬碟空間，應該執行以下哪一個程式？ (1)
(1)磁碟清理　(2)磁碟掃描　(3)磁碟壓縮　(4)磁碟重組工具。

110. ( ) 在 Windows 7 中，若要檢視系統的完整組態資訊，包含硬體資源、軟體環境等，可使用下列哪個應用程式？ (2)
(1)系統監視程式　(2)系統　(3)電腦　(4)檔案總管。

111. ( ) 在 Windows 7「檔案總管」中，以滑鼠要選取不連續的檔案，必須要配合哪一按鍵？ (1)
(1)Ctrl 鍵　(2)Alt 鍵　(3)Shift 鍵　(4)Tab 鍵。

解析 在 Windows 7「檔案總管」中，配合 Ctrl 鍵及滑鼠可以不連續選取的檔案。配合 Shift 鍵及滑鼠可以連續選取的檔案

112. ( ) 在 Windows 7 中，檔案命名不可使用下列哪個字元？ (3)
(1)~　(2)-　(3)<　(4).。

113. ( ) 在 Windows 7 中，如果要更改桌面背景，可使用控制台的何種功能？ (2)
(1)顯示　(2)個人化　(3)系統　(4)色彩管理。

114. ( ) 在 Windows 10 中，檔案名稱可長達多少個英文及數字等字元？ (2)
(1)260　(2)255　(3)127　(4)265。

115. ( ) 在 Windows Server 2016 的環境中，下列何種服務是「組織建立公開金鑰基礎結構 (PKI)，並提供公開金鑰密碼編譯、數位憑證以及數位簽章功能」？ (2)
(1)系統工具　(2)憑證服務　(3)協助工具服務　(4)保密服務。

116. ( ) 在 Windows 7 作業系統中，內建的瀏覽器為下列何者？ (3)
(1)Chrome　(2)Safari　(3)Internet Explorer　(4)Firefox。

117. ( ) 在 Windows 7 中，要查詢本機電腦在網路上的 TCP/IP 組態設定值，應使用哪一個指令？ (1)
(1)ipconfig　(2)ping　(3)route　(4)telnet。

解析
(1) ipconfig：查詢本機電腦在網路上的 TCP/IP 組態設定值。
(2) ping：偵測本端主機和遠端主機間的網路是否為連通狀態。
(3) route：控制網路路由表。
(4) telnet：使用 TCP/IP 協定中的 TELNET 協定登入到網路上另一部主機。

118. ( ) 在 Windows 7 中用來偵測本端主機和遠端主機間的網路是否為連線狀態，可以使用以下哪個指令？ (2)
(1)ipconfig　(2)ping　(3)route　(4)telnet。

119. ( ) 在 Windows 10 預設環境中,要切換不同「虛擬桌面」,可以按下哪個組合鍵? (1)
(1)⊞+Ctrl+右方向鍵　(2)⊞+Ctrl+下方向鍵
(3)⊞+Ctrl+L　(4)⊞+Ctrl+R。

120. ( ) 在 Windows 10 預設環境中,要將檔案上傳到微軟雲端硬碟,要用下列哪個軟體? (1)
(1)OneDrive　(2)CloudDrive　(3)Up Load　(4)UpDrive。

121. ( ) 在 Windows 7 預設中,如果對硬碟進行格式化,則該硬碟可使用的檔案格式為下列何者? (2)
(1)ext3　(2)NTFS　(3)EFS　(4)DOS。

122. ( ) 在 Windows 10 預設環境中,要新增「虛擬桌面」可以按下哪個組合鍵? (1)
(1)⊞+Ctrl+D　(2)⊞+Ctrl+A　(3)⊞+Ctrl+C　(4)⊞+Ctrl+L。

123. ( ) 在 Windows 7 的「檔案總管」中,如果在刪除一個檔案時,不想讓檔案移至資源回收筒,則應使用以下哪一個按鍵? (2)
(1)Delete　(2)Shift+Delete　(3)Alt+Delete　(4)Ctrl+Delete。

解析 Delete:刪除一個檔案時,檔案移至資源回收筒。
Shift+Delete:刪除一個檔案時,檔案不會移至資源回收筒。

124. ( ) 在 Windows 10 環境中,內建壓縮檔案與資料夾功能,壓縮後的預設副檔名為何? (1)
(1)zip　(2)arj　(3)tgz　(4)tar。

125. ( ) 在 Windows 7 中,要關閉一個作用中的視窗,可以使用以下哪一個按鍵? (3)
(1)F4　(2)Shift+F4　(3)Alt+F4　(4)Ctrl+F4。

126. ( ) 在 Windows 10 的 Microsoft Edge 軟體中,在網址列輸入查詢關鍵字,會啟動哪個預設的搜尋服務? (1)
(1)Bing　(2)Xing　(3)Ging　(4)Fing。

127. ( ) 在 Windows 7 中,若要將自己的照片設定成桌面的圖案,應在「個人化」視窗按哪一個選項? (1)
(1)桌面背景　(2)音效　(3)視窗色彩　(4)螢幕保護裝置。

128. ( ) 在 Windows 7 中,若建立多個使用者帳戶,下列描述何者有誤? (4)
(1)每個帳戶都可設定自己的桌面環境　(2)來賓帳戶的使用者不能新增其他帳戶
(3)只有系統管理員可新增或移除程式　(4)只有系統管理員可以設定帳戶密碼。

129. ( ) 在 Windows 7 中,如果想要擷取整個螢幕成為一個圖案,應按一下哪一個按鍵? (1)
(1)Print Screen　(2)Alt+P　(3)Ctrl+P　(4)Ctrl+Print Screen。

解析 在 Windows 7 中,如果想要截取整個螢幕成為一個圖案,應按一下 [Print Screen]按鍵。如果想要截取正在使用的視窗成為一個圖案,應按一下 [Alt + Print Screen]按鍵。

130. ( ) 在 Windows 7 中,如果要移除一個硬體的設定值,應在下列何處操作? (1)
(1)裝置管理員　(2)使用者帳戶　(3)個人化　(4)輕鬆存取中心。

131. ( ) 在 Windows 7 的「檔案總管」中,如果想要檢視檔案的修改日期,應選擇哪一種檢視模式? (2)
(1)清單　(2)詳細資料　(3)小圖示　(4)並排。

132. ( ) 在 Windows 7 中,如果要查看網路上有哪些電腦提供共用的資源,應使用哪一個指令? (3)
(1)net ver　(2)net use　(3)net view　(4)net init。

> 解析　NET USE:連接電腦或斷開電腦與共用資源的連接,或顯示電腦的連接資訊。
> NET VIEW:顯示網域列表、電腦列表或指定電腦的共用資源列表。
> Net Init:動態載入協定或驅動程式,本指令 Windows 98/Me 無法使用。

133. ( ) 在 Windows 7 中,如果要檢視系統的完整組態資訊,包含硬體資源、軟體環境等,可以使用以下哪一個應用程式? (4)
(1)檔案總管　(2)電腦　(3)系統監視程式　(4)系統資訊。

134. ( ) 下列敘述何者不是 Windows Server 2016 之重要核心元件「目錄服務(Active Directory)」的功能? (4)
(1)簡化管理　(2)加強網路安全性　(3)擴充交互運作能力　(4)複雜化管理。

135. ( ) 在 Windows 7 的「檔案總管」中,如果選取一個檔案後,選取傳送到「隨身碟名稱(隨身碟代號)」,例如 32G (E:)。其功能相當於以下何者? (2)
(1)在隨身碟中建立一個指到這個檔案的捷徑　(2)複製這個檔案到隨身碟　(3)由隨身碟中複製這個檔案到硬碟　(4)搬移這個檔案到隨身碟。

136. ( ) 在 Windows 8 中,若要使在桌面上已開啟的視窗能並排顯示,則應使用以下何者方式? (4)
(1)在每個視窗右上角按二下　(2)在桌面上按一下右鍵,選取「新增」　(3)在「電腦」中設定　(4)在 Windows 8 的工作列上按一下右鍵,再選取「並排顯示視窗」。

137. ( ) 在 Windows 7 中,點擊 Chrome 視窗的「最小化」按鈕,該視窗在螢幕上會有何改變? (2)
(1)縮小到桌面　(2)縮小到工作列　(3)縮小並隨即關閉　(4)縮小到功能表。

138. ( ) 在 Windows 7 中,「控制台」的「Windows Defender」的功能為何? (4)
(1)變更此電腦的佈景主題
(2)變更使用者帳戶設定和密碼
(3)檢查是否有軟體及驅動程式更新
(4)協助保護您的電腦不受「惡意程式」的攻擊。

139. ( ) 在 Windows 7 系統下,從哪裡可以還原已被刪除的檔案? (2)
(1)控制台　(2)資源回收筒　(3)我的文件　(4)系統還原。

140. ( ) 在 Windows 7 系統下,「小畫家」所編輯的內容預設儲存成何種格式的檔案? (4)
(1).jpeg　(2).gif　(3).bmp　(4).png。

141. ( ) 在 Windows 7 系統中,從控制台的何處可檢視電腦硬體狀態? (1)裝置管理員 (2)使用者帳戶 (3)地區及語言選項 (4)協助工具選項。 (1)

142. ( ) 在 Windows 7 的檔案總管中,要更改檔案或資料夾的名稱時,可使用下列快速鍵進行更改? (1)F1 (2)F2 (3)F3 (4)F4。 (2)

143. ( ) 在 Windows 10 系統下,如何查看 CPU 現在的使用效能? (1)系統 (2)排定的工作 (3)協助工具選項 (4)工作管理員。 (4)

144. ( ) 在 Windows 10 系統下,何種軟體不能插入圖片? (1)WordPad (2)記事本 (3)Excel 2019 (4)PowerPoint 2019。 (2)

145. ( ) 在 Windows 7 系統下,「記事本」沒有下列哪一項功能? (1)更改字型大小 (2)變換字型 (3)字型樣式為粗體 (4)選擇文字顏色。 (4)

146. ( ) 在 Windows 10 中,下列何種儲存媒體之檔案被刪除後可以在「資源回收桶」中被「還原」? (1)網路磁碟機 (2)C 磁碟機 (3)卸除式磁碟機 (4)雲端硬碟。 (2)

147. ( ) 何者不是作業系統? (1)UNIX (2)LINUX (3)DBASE (4)Windows 8。 (3)

148. ( ) 在 Windows 10 系統下,「控制台」中之何種功能可用來安裝新的輸入法? (1)字型 (2)鍵盤 (3)系統 (4)地區及語言選項。 (4)

149. ( ) 在 Windows 10 中,執行「複製」、「剪下」指令所得的資料,再執行「貼上」至目的位置前,其資料會暫存在哪裡? (1)剪貼簿 (2)記事本 (3)控制台 (4)檔案總管。 (1)

150. ( ) 在 Windows 7 系統下,下列關於「使用者帳戶」之說明何者為非? (1)一台電腦中可建立多個使用者帳號 (2)使用者帳號不一定要設密碼 (3)建立密碼可防止電腦病毒入侵 (4)電腦系統管理員有權限刪除其它使用者帳戶。 (3)

151. ( ) 在 Windows 8.1 系統下,使用下列何者可將已安裝之應用程式從電腦中移除? (1)使用控制台之「解除安裝程式」 (2)清理資源回收筒 (3)在桌面上刪除捷徑 (4)從開始畫面取消釘選。 (1)

152. ( ) 電腦網路通訊時,通訊雙方必須遵守的資料格式與時序稱為什麼? (1)通訊協定 (2)安全協定 (3)資訊協定 (4)網路協定。 (1)

153. ( ) 在 Windows 7 作業環境下,一個新的硬碟須作下列哪一項工作才能開始使用? (1)初始化 (2)系統化 (3)格式化 (4)清除化。 (3)

154. ( ) 在 Windows 7 系統下,若要以滑鼠選取連續多個檔案,必須以滑鼠先點取要選的第一個檔案後,再按住什麼鍵,用滑鼠在要選取的最後一個檔案點取一下? (1)Ctrl (2)Shift (3)Alt (4)Tab。 (2)

155. ( ) 在 Windows 10 環境中「動態磚」的區域,最多可用滑鼠拖寬成幾區? (1)2 (2)3 (3)4 (4)5。 (2)

156. ( ) 在 Windows 10 預設環境中，要切換微軟中文輸入法的中文/英文輸入模式，應該使用何鍵？
(1)Alt　(2)Ctrl　(3)Shift　(4)Tab。 (3)

157. ( ) 在 Windows 7 系統下的「電腦」以何種檢視狀態呈現，可同時顯示所有磁碟容量的大小？
(1)小圖示　(2)大圖示　(3)詳細資料　(4)清單。 (3)

158. ( ) 在 Windows 10 系統下，欲尋找檔案時可用何種方法？
(1)「開始」功能表的搜尋方塊　(2)「開始」功能表中之「預設程式」
(3)「控制台」功能表中之「系統」　(4)資源回收筒。 (1)

159. ( ) 同樣像素的圖片(例如：800x600)，使用何種檔案格式儲存，所佔用的磁碟空間最多？
(1)JPG　(2)PNG　(3)GIF　(4)BMP。 (4)

> 解析　BMP 不具壓縮功能的檔案格式。

160. ( ) 如果電腦的速度變慢，增加下列何者的容量或速度大小將不會加快電腦反應速度？
(1)CPU　(2)隨機存取記憶體　(3)虛擬記憶體　(4)光碟機。 (4)

161. ( ) 在 Windows 7 系統中，由「命令提示字元」查看目錄資訊，以下敘述何者為非？
(1)「\」代表根目錄　(2)「..」代表上一層
(3)「C:\」代表 C 硬碟根目錄　(4)「.」代表下一層。 (4)

162. ( ) 下列何種字型於放大或縮小後不失真？
(1)向量型　(2)點陣型　(3)平面型　(4)立體型。 (1)

163. ( ) Windows 10 作業系統中，若工作列的通知區域顯示 OneDrive 的圖示為圓形箭頭，表示 One Drive 處於何種狀態？
(1)暫時同步處理　(2)帳號被封鎖　(3)同步處理完畢　(4)正在進行同步處理。 (4)

164. ( ) 在 Windows 10 的環境中，要同時顯示不同時區的時間，應該到「Windows 設定」的哪裡設定？
(1)時間與語言　(2)個人化　(3)裝置　(4)輕鬆存取。 (1)

165. ( ) 在 Windows 10 預設環境中，要關閉「虛擬桌面」可以按下哪個組合鍵？
(1)⊞+Ctrl+F1　(2)⊞+Ctrl+F4　(3)⊞+Ctrl+F8　(4)⊞+Ctrl+F9。 (2)

166. ( ) 下列何者不是磁碟檔案配置格式？
(1)FAT 16　(2)FAT 32　(3)NTFS　(4)FETS。 (4)

> 解析　FETS 場效電晶體

167. ( ) 下列何種圖案於放大或縮小後不失真？
(1)點陣圖　(2)向量圖　(3)矩陣圖　(4)立體圖。 (2)

168. ( ) 在 Windows 7 系統中,「資源回收筒」最大容量為何? (4)
(1)10MB (2)依磁碟容量固定百分比 (3)依磁碟容量等級固定大小 (4)依磁碟容量可自訂大小。

169. ( ) 在 Windows 10 的環境中,可以同時顯示不同時區的時間,最多可以顯示幾個? (2)
(1)2 (2)3 (3)4 (4)沒有限制。

170. ( ) 在文書處理軟體 Microsoft Word 2019 中,選取文字後,要在文字加上圓圈符號,可使用下列哪一項功能? (2)
(1)字元框線 (2)圍繞文字 (3)頁面框線 (4)表格。

171. ( ) 集線器(HUB)不包括下列哪一類? (4)
(1)主動式(Active) (2)被動式(Passive)
(3)智慧型(Intelligent) (4)積極型(Aggressive)。

172. ( ) 在 Windows 7 系統中,下列何種圖示不能被刪除? (1)
(1)資源回收筒 (2)電腦 (3)網路 (4)使用者的文件。

173. ( ) 下列何者是 IBM 公司所產生的作業系統? (4)
(1)OS X (2)Linux (3)Android (4)OS 2。

174. ( ) 在 Windows Server 2016 作業系統中,可以讓使用者直接在電腦網路上架設 web 網站伺服器的軟體為何? (3)
(1)ASP (2)PHP (3)IIS (4)MySQL。

> **解析** IIS(Internet Information Server)是 Windows 提供的網站伺服器的軟體,提供 WWW、FTP、Gopher 的服務。
> MySQL 是一個開放原始碼的關聯式資料庫管理系統。
> ASP、PHP 是動態網頁設計程式語法。

175. ( ) 在 Windows 10 環境中,要利用「工作檢視」來管理視窗及桌面,可以按下哪個組合鍵來開啟? (1)
(1)⊞+Tab (2)⊞+Ctrl (3)⊞+Alt (4)⊞+Shift。

176. ( ) 在 Internet 上做什麼是違法的? (3)
(1)股票交易 (2)基金買賣 (3)下載未授權檔案 (4)用 LINE 聊天。

177. ( ) 下列何種類型的電腦效能最佳? (4)
(1)個人電腦 (2)工作站 (3)中大型電腦 (4)超級電腦。

178. ( ) 對於在 Internet 上的電腦而言,具有辨識獨一無二身份的資訊為何? (1)
(1)IP 位址 (2)使用者名稱 (3)使用者密碼 (4)住家地址。

179. ( ) 下列何種作業系統最大的特點是開放原始程式碼給所有使用者? (1)
(1)Linux (2)Windows 7 (3)OS X (4)Windows 8.1。

工作項目 3 系統軟體應用

180. ( ) 下列何種記憶體或輔助記體存取速度最快？ (1)
(1)SRAM　(2)DRAM　(3)Hard Disk　(4)USB 碟。

> 解析　USB 碟或 Hard Disk 硬式磁碟機＜DRAM＜SRAM

181. ( ) 網路使用權限不包括下列何者？ (4)
(1)Administrators　(2)Guest　(3)Remote Desktoptop Users　(4)Anyone。

182. ( ) 在啟動 Windows 7 時，若尚未進入 Windows 系統之前，按下鍵盤上的何種功能鍵，可以選擇進入安全模式？ (2)
(1)F4　(2)F8　(3)F10　(4)F12。

183. ( ) 在 Windows 7 系統中，內建何種多媒體播放工具，可以進行播放音樂 CD 及 DVD 影音檔案的功能？ (4)
(1)iTunes　(2)Power DVD　(3)iKala　(4)Media Player。

184. ( ) 下列何種副檔名的檔案對電腦來說是多餘的，刪除也不影響其原本運作？ (2)
(1).exe　(2).tmp　(3).bat　(4).ini。

185. ( ) 下列敘述何者為真？ (3)
(1)Linux 作業系統並不支援 TCP/IP 通訊協定，因此無法用來架設網站
(2)在 Windows 7 視窗作業軟體中，滑鼠左右鍵的用法已經固定，不可以被修改
(3)在 Windows 7 視窗作業軟體中，能夠同時播放.MID 與.WAV 檔的音效
(4)所謂「多媒體電腦」是指電腦同時應用到許多新聞媒體的採訪報導。

186. ( ) 在 Windows 7 系統中，內建可觀賞和錄製電視節目軟體為何？ (4)
(1)遠端桌面連線　　　　　(2)Windows Movie Maker
(3)Windows Media Player　(4)Windows Media Center。

187. ( ) 在 Windows 7 系統下，所刪除的任何類型檔案都會被先丟到何處？ (3)
(1)控制台　(2)使用者的文件　(3)資源回收筒　(4)系統還原。

188. ( ) 連接電腦後不需重新啟動電腦即可使用的設備，為具有何種特性？ (1)
(1)plug and play　(2)input and output　(3)all in one　(4)pull and play。

189. ( ) 下列何者為 Windows 10 環境內建瀏覽器？ (1)
(1)Microsoft Edge　　　　(2)Microsoft P age
(3)Microsoft line　　　　(4)Microsoft Home。

190. ( ) 下列何種物品不具備「智慧卡」(大小與信用卡差不多，其中含有內嵌的積體電路，可用以防止其儲存內容被篡改，進而保護各種個人資訊)功能？ (4)
(1)悠遊卡　(2)自然人憑證　(3)健保卡　(4)無 IC 的提款卡。

191. ( ) 下列何種網路之連接規格的速度最快？ (4)
(1)MODEM 撥接　(2)ADSL　(3)T1　(4)T3。

解析
T1 的頻寬 1.544 Mbps
T3 的頻寬 44.736 Mbps
E1 的頻寬 2.048 Mbps
ADSL 的頻寬 54Kbps
MODEM 的頻寬 54Kbps

192. ( ) 計算電腦記憶體(含輔助記憶體)容量大小的單位，下列何者最大？ (4)
(1)GB　(2)MB　(3)KB　(4)TB。

解析 KB=2^{10}B，MB=2^{20}B，GB=2^{30}B，TB=2^{40}B

193. ( ) 下列何者不是 Windows 7 系統的桌面背景圖片可接受的副檔名？ (4)
(1).bmp　(2).gif　(3).jpg　(4).dwg。

194. ( ) 如果 Windows 7 沒有偵測到新的隨插即用裝置，則可能是裝置本身沒有正常運作、 (1)
沒有正確安裝或者根本沒有安裝，此時，可以使用何種功能解決這些問題？
(1)裝置管理員　(2)輕鬆存取　(3)檔案管理員　(4)更改佈景主題。

195. ( ) 何者非網路服務通訊協定？ (4)
(1)HTTP　(2)NNTP　(3)POP　(4)Netscape。

解析
Netscape：網景網路公司。
HTTP：超本文傳輸協定(HyperText Transfer Portocol)，全球資訊網(WWW)就是以 http 作為傳輸資料的通訊協定。
NNTP：網路新聞傳輸協議（Network News Transport Protocol 縮寫）是一個主要用於閱讀和張貼新聞文章（新聞群組郵件）到 Usenet 上的 Internet 的應用協定。
POP：郵局協定(Post Office Portocol)為 Internet 上收取 E-mail 的通訊協定。透過 ISP 業者的 POP 伺服器，用戶就可由伺服器來接收自己的 E-mail。

196. ( ) UNIX 和 Windows 7 之間的比較敘述，下列何者為非？ (2)
(1)UNIX 廣泛使用於企業伺服器中，Windows 7 用於個人電腦
(2)Windows 7 會分辨指令的英文字母大小寫，UNIX 不會分辨
(3)Windows 7 是圖形使用者界面，UNIX 是文字界面
(4)UNIX 系統穩定性高於 Windows 7。

解析 UNIX 會分辨指令的英文字母大小寫，Windows 7 不會分辨。

197. ( ) 在 Linux 作業系統下，使用何種指令可以複製檔案或目錄？ (2)
(1)mkdir　(2)cp　(3)alias　(4)echo。

解析
mkdir：建立新的目錄
cp：複製資料
alias：命令別名設定
echo：變數的取用

198. ( ) 下列何者為網際網路服務提供商的英文縮寫？ (3)
(1)ASP　(2)PHP　(3)ISP　(4)DSP。

解析 ISP(internet service provider)網際網路服務提供商
ASP：Microsoft 公司所發展的一種利用 Active X 技術來開發動態網頁的環境，是屬於 Active X Server 端的技術，網頁設計者可以利用 ASP 的技術將 Script 敘述及程式碼嵌在 HTML 檔案中，以產生動態、互動、高效能的網頁。
PHP：Hypertext Preprocessor 動態網頁語言。
DSP：數位訊號處理器 Digital Signal Processor

199. ( ) 想要使用 Giga-Fast Ethernet 至少要使用下列何種網路纜線等級？ (1)Category 4 (2)Category 4t (3)Category 5 (4)Category 5e。 (4)

200. ( ) 下列哪個電信服務的頻寬最大？ (1)T1 (2)T3 (3)E1 (4)STM-1。 (4)

解析 STM-1 (Synchronous Transport Module level-1) 的頻寬為 155.52 Mbit/s。
T1 的頻寬 1.544 Mbps
T3 的頻寬 44.736 Mbps
E1 的頻寬 2.048 Mbps

201. ( ) 大多數的 Linux 系統中，man page 指令以何種形式呈現資訊？ (2)
(1)使用以 X 為基礎的自訂應用程式 (2)使用 less 程式
(3)使用 Mozilla 網頁瀏覽器 (4)使用 Vi 編輯器。

202. ( ) 下列何者不屬於系統程式(System Program)？ (3)
(1)Compiler (2)Linker (3)Microsoft Office (4)Loader。

解析 Microsoft Office 文書應用軟體。

203. ( ) Linux 的指令模式下，如果想要儲存 ifconfig 的執行結果至文字檔(file.txt)，以供未來參考，同時想要覆蓋掉已存在的檔案資料，該如何下指令？ (4)
(1)ifconfig >> file.txt (2)ifconfig < file.txt
(3)ifconfig | file.txt (4)ifconfig > file.txt。

204. ( ) Linux 使用者在 bash 下輸入 kill -9 2013 指令，假設該指令有效，則可能的執行結果為何？ (1)切斷 TCP port 2013 的網路連結 (2)要求程序 ID 為 2013 的伺服器，重新載入設定檔 (3)顯示訊號為 2013 的程序，過去九天被終止的數量 (4)終結或停止程序 ID 為 2013 的程式。 (4)

解析 kill -9 程序的強制終止指令(暴力砍掉)。

205. ( ) 下列哪個目錄是 Linux 系統預設的資料暫存或快取的儲存目錄？ (4)
(1)/home (2)/usr (3)/boot (4)/var。

206. ( ) Linux 的 ls 指令可以顯示檔案或目錄的屬性，其中共有 10 個屬性，若第一個屬性顯示為「b」則表示為？ (1)
(1)周邊設備 (2)檔案 (3)目錄 (4)連結。

解析 第一個屬性代表這個檔案是『目錄、檔案或連結檔』：
當為[d]則是目錄
為[-]則是檔案
若是[l]則表示為連結檔(link file)；
若是[b]則表示為裝置檔裡面的可供儲存的周邊設備；
若是[c]則表示為裝置檔裡面的序列埠設備，例如鍵盤、滑鼠。

207. ( ) 在 Linux 中，可以按下哪一個組合鍵來中斷目前程式的執行？ (2)
    (1)Ctrl+b　(2)Ctrl+c　(3)Ctrl+d　(4)Ctrl+z。

208. ( ) 下列哪個 Linux 指令無法用來改變檔案的權限？ (1)
    (1)bc　(2)chmod　(3)chgrp　(4)chown。

    解析 bc 用來呼叫 linux 的互動式計算器功能。

209. ( ) 下列何種檔案系統的單一檔案之大小上限為 4GB？ (3)
    (1)ext 2　(2)ext 3　(3)FAT32　(4)NTFS。

    解析 FAT32 檔案系統檔案上限為 4GB，
    NTFS 檔案系統檔案上限為(16 TB - 64 KB)，
    ext 3 檔案系統檔案上限為 16TB，
    ext 2 檔案系統檔案上限為 2TB，

210. ( ) 要完全發揮 Windows 8.1 的多點觸控功能，觸控板必須至少支援幾點觸控？ (3)
    (1)2　(2)3　(3)4　(4)5。

211. ( ) Windows 8.1 中，開啟常用鍵(含搜尋、分享、開始、裝置和設定)的觸控方式為何？ (2)
    (1)捏合或伸展以進行縮放　　(2)從邊緣撥動或滑動
    (3)撥動以進行選取　　(4)滑動以進行捲動。

212. ( ) Linux 系統中，若是 test.sh 檔案屬性為「-rwxr-xr--」，要將檔案屬性改為 (3)
    「-r-xr-xr-x」，下列哪個指令可以完成？
    (1)chmod u=rx test.sh　　(2)chmod 755 test.sh
    (3)chmod 555 test.sh　　(4)chmod o-x test.sh。

    解析 -r-xr-xr-x = -(r-x)(r-x)(r-x) = -(101)(101)(101)=-555。chmod 是更改檔案屬性。

213. ( ) 使用 iOS 7.x 的 Apple iPad，若要左右滑過螢幕來切換 App，則至少要同時使用幾 (3)
    點觸控來操作？
    (1)2　(2)3　(3)4　(4)5。

214. ( ) 在 Windows 10 的環境中，要取得免費遊戲軟體，可以經由哪個內建軟體中取得？ (1)
    (1)市集　(2)OneDrive　(3)控制台/遊戲　(4)露天。

215. ( ) QR code 有提供「回」字定位點，所以可以任何角度掃描。請問一個正常 QR Code (2)
    應該提供幾個定位點？
    (1)2　(2)3　(3)4　(4)5。

    解析 左圖所示有 3 個。

216. ( ) LCD 規格中「燭光/平方公尺」所指的是？ (2)
(1)對比率　(2)亮度　(3)可視角度　(4)反應時間。

217. ( ) 下列哪個作業系統不支援多點觸控？ (4)
(1)Mac OSX 10.9　(2)Windows 8.1　(3)Windows 7　(4)CentOS 6.0。

解析　CentOS（Community Enterprise Operating System）是 Linux 發行版之一。

218. ( ) 多點觸控螢幕是使用哪一類的螢幕？ (4)
(1)電阻式觸控面板　　　　(2)電容式觸控面板
(3)光學式觸控面板　　　　(4)投射式電容觸控面板。

219. ( ) 下列哪個作業系統只能操作微軟的 Start App？ (4)
(1) Linux　(2)Windows 8.1　(3)Windows 7　(4)Windows RT。

220. ( ) 下列哪個作業系統開始支援動態磚操作？ (4)
(1)Windows XP　(2)Mac OSX 10.9　(3)Windows 7　(4)Windows 8。

解析　動態磚屬 windows 8 專用。

221. ( ) 下列哪個作業系統不支援動態磚操作？ (1)
(1)Windows 7　(2)Windows Phone 8　(3)Windows 8.1　(4)Windows RT。

222. ( ) 下列哪個作業系統可在待機狀態下開啟相機功能，並將照片設定成輪播型態？ (3)
(1)Windows 7　　　　　　(2)Windows Phone 7
(3)Windows 8.1　　　　　(4)Windows Phone 8。

223. ( ) Windows 8.1 把滑鼠移動到桌面右上或右下角，呼叫出功能列，此功能列共有幾項功能可點選？　(1)3　(2)4　(3)5　(4)6。 (3)

224. ( ) Windows 8 有一個 SnapView（子母畫面）的功能，但 SnapView 必須要多少解析度以上的螢幕才能使用？ (3)
(1)1024x768　(2)800x600　(3)1366x768　(4)1920x768。

225. ( ) Windows 8 對視窗鍵(Win) 有更好的支援，其中想在已開啟的 App 之間切換應該使用哪個按鍵組合？ (1)
(1)Win+Tab　(2)Win+F　(3)Win+D　(4)Win+空白鍵。

226. ( ) Mac OSX 中，擷取全螢幕畫面的快捷鍵為何？ (3)
(1)PrintScreen　　　　　　(2)Command+PrintScreen
(3)Command+Shift+3　　　(4)Command+Shift+PrintScreen。

227. ( ) Windows 8 中，擷取工作視窗畫面的快捷鍵為何？ (2)
(1)PrintScreen　　　　　　(2)Alt+PrintScreen
(3)Ctrl+PrintScreen　　　　(4)Alt+Ctrl+PrintScreen。

228. ( ) Mac OSX 10.9.x 中,強制重新啟動的快捷鍵為何? (4)
(1)直接按下電源按鈕即可　　(2)按住電源按鈕 5 秒
(3)按住電源按鈕 1.5 秒　　(4)Command+Control+電源按鈕。

229. ( ) 直接把光纖接到用戶的家中之網路技術是? (1)
(1)FTTH　(2)Cable Modem　(3)ADSL　(4)Ethernet。

解析 Fiber To The Home 光纖到府。

230. ( ) 作業系統的搶救回復(recovery)機制中,檢查點(checkpoint)的作用是? (2)
(1)檢查系統狀態的一致性　　(2)加速系統回復的效率
(3)解決磁碟毀損後的回復問題　(4)改善資料異動執行的效率。

231. ( ) 以下哪一種區域網路標準,傳輸速率最慢? (3)
(1)ATM　(2)Ethernet　(3)ARCnet　(4)FDDI。

解析 ARCnet < Ethernet < ATM < FDDI
ATM 是一種高速的資料傳輸技術,最快傳輸速度為 155 Mbps,傳輸能力比 3 條 T3 專線加起來還快。
FDDI 最快傳輸速度為 622 Mbps。
Ethernet 最快傳輸速度為 100 Mbps。
ARCnet 最快傳輸速度為 5 Mbps。

232. ( ) 請問組譯程式(Assembler)與虛擬運算指令(Pseudo operation)的關係為何? (4)
(1)組譯程式是用來連結虛擬運算指令　(2)虛擬運算指令可以編譯組譯程式　(3)虛擬運算指令編寫成的程式就是組譯程式　(4)組譯程式可用來編譯虛擬運算指令寫成的程式。

233. ( ) 下列何者不是智慧型手機作業系統? (3)
(1)iOS　(2)Android　(3)Mongo　(4)Symbian。

解析 Mongo 是 windows 7 測試版代號。

234. ( ) 在 Linux 作業系統中,想要顯示目前已掛載檔案系統磁碟的 inode 使用狀況指令為何?　(1)df –i　(2)su –I　(3)free –i　(4)du –I。 (1)

235. ( ) 在 Linux 作業系統中,查看目前的網路設定指令為何? (2)
(1)ipconfig　(2)ifconfig　(3)ipsetting　(4)ifsetting。

236. ( ) 在 Linux 作業系統中,修改檔案擁有者指令為何? (3)
(1)chmod　(2)modown　(3)chown　(4)modch。

237. ( ) 下列有關 140.92.18.10/25 網段的敘述,何者是不正確的? (4)
(1)可用 IP 數量為 126 個　　(2)subnet mask:255.255.255.128
(3)network:140.92.18.0　　(4)broadcast:140.92.18.128。

解析 Broadcast 應為 140.92.18.127。

238. ( ) 在 Linux 作業系統中，/var/test 是一個擁有下層檔案及子資料夾的資料夾，想要刪除/var/test 的指令為何？ (2)
(1)del /var/test/* (2)rm -rf /var/test
(3)del -Rf /var/test/* (4)rm -rf /var/test/*。

239. ( ) 下列關於固態硬碟 SSD(Solid State Disk)的敘述中，何者是錯誤的？ (4)
(1)無須驅動馬達、承軸或旋轉頭裝置，具有低耗電、低熱能的優點
(2)比起傳統的標準機械硬碟來說，SSD 所能承受的操作衝擊耐受度較高
(3)採用 DRAM 或 Flash 取代傳統硬碟的碟片，讀寫速度快
(4)SSD 資料儲存密度高，故價格/每單位儲存容量也比傳統硬碟便宜。

解析 目前而言仍較傳統硬碟高，SSD 的記憶體若採用同步顆料較非同步的速度快但價格也貴。

240. ( ) 下列關於 XML(eXtensible Markup Language)的敘述中，何者是錯誤的？ (2)
(1)XML 提供一個跨平台、跨網路、跨程式語言的資料描述格式
(2)XML 和 HTML 一樣，都只能使用事先定義的標籤(tag)
(3)DTD 是用來規範 XML 文件的格式
(4)XSL 用來提供 XML 套用排版樣式之功能。

解析 XML 可以自行定義的標籤(tag)。

241. ( ) 下列何者是使得 Java 程式能夠完成跨平台(cross platform)運作的主要機制？ (3)
(1)例外處理 (2)多執行緒(multi-thread) (3)虛擬機器 (4)物件導向。

242. ( ) 下列有關作業系統的操作中，何者是不需要使用系統呼叫(system call)？ (1)
(1)計算費伯納西數列(Fibonacci sequence)
(2)刪除一個行程(kill process)
(3)開啟一個檔案(open file)
(4)在螢幕上印出一些文字(screen output)。

243. ( ) 下列有關資料傳輸的介面，根據官方所公佈的規格，何者是傳輸速度最快的？ (1)
(1)SATA3 (2)eSATA (3)USB3.0 (4)IEEE 1394b。

解析 IEEE 1394b 速度 0.8Gbps，
USB3.0 速度 5Gbps
eSATA 速度 3Gbps
SATA3 速度 6Gbps。

244. ( ) 下列有關「雲端運算」技術概念的敘述，何者是正確的？ (4)
(1)在電腦上進行雲狀式的數學運算
(2)空軍在雲層中利用電腦進行運算
(3)兩台電腦以藍牙互相傳送機密性資料
(4)透過網路連線取得遠端主機提供的服務。

245. ( ) 下列何者的傳輸媒介不是使用光纖？ (1)
(1)1000BaseT (2)1000BaseSX (3)FDDI (4)10BaseF。

> **解析** 1000BaseT 其中的 T 表示雙絞線。

246. ( ) 下列行動通訊網路系統中，何者可提供之資料傳輸速率最快？ (3)
(1)GSM(Global System for Mobile communications)
(2)GPRS(General Packet Radio Service)
(3)HSDPA(High-Speed Downlink Packet Access)
(4)IS-95(Interim Standard 95)。

> **解析** GSM，IS-95 均為 2G，GPRS 為 2.5G 約，HSDPA 為 3.5G。

247. ( ) 下列何者不是目前 ISP(Internet Service Provider)所提供的服務？ (2)
(1)撥接上網　　　　　　(2)提供作業系統安裝
(3)提供個人網頁　　　　(4)提供電子郵件信箱。

248. ( ) 當使用者將 PC 開機時，下列敘述何者是正確的？ (1)
(1)部分的作業系統從磁碟被複製到記憶體　(2)部分的作業系統從記憶體被複製到磁碟　(3)部分的作業系統被編譯　(4)部分的作業系統被重新覆寫。

249. ( ) 辦公室中有數部電腦，將這些電腦以網路線與集線器(Hub)連接，以網路實體線路拓璞的概念來看，此種連接方式稱為？ (4)
(1)匯流排網路　(2)網狀網路　(3)環狀網路　(4)星狀網路。

250. ( ) IPv6 位址是使用 128bit 的長度來標示電腦所在位址，所可以容許的位址個數是 IPv4 位址(位址長度為 32bit)的幾倍？ (4)
(1)4　(2)96　(3)2^4　(4)2^{96}。

> **解析** $2^{128} \div 2^{32} = 2^{96}$

251. ( ) 下列何者是不合法的 IPv6 位址寫法？ (1)
(1)1001::25de::cade
(2)1001:0DB8:0:0:0:0:1482:57ab
(3)1001:0d8b:85a3:083d:1319:82ae:0360:7455
(4)1001:DB8:2de::e46。

> **解析** 雙冒號"::"用來表示一組 0 或多組連續的 0，僅可出現一次。

252. ( ) IPv4 中提供使用私有 IP 位址空間的網路，例如 192.168.0.0-192.168.255.255 的區塊，下列何者是 IPv6 私有 IP 位址空間的寫法？ (2)
(1)FE80::1　(2)FEC0::2　(3)FF02::A001　(4)FF02::1:FF00:0101:0202。

> **解析** IPv6 私有 IP 位址區間 FC00::/7 (Unique-Local addresses)。

253. ( ) 在 MAC OS 中使用「遠端桌面連線用戶端」的預設連接埠為？ (2)
(1)8080　(2)3389　(3)3660　(4)5900。

254. ( ) GNU/Linux 的最高系統管理員帳號是？ (3)
(1)administrator　(2)admin　(3)root　(4)supervisor。

255. ( ) 在 Linux 系統中，可以使用 bash Shell Script 來撰寫簡單的 Script 程式。撰寫判斷 (4)
結構指令時，使用 if 敘述開頭，結束敘述的指令為何？
(1)then　(2)end　(3)endif　(4)fi。

工作項目 4 資訊安全

1. (2) 下列何者為預防電腦犯罪最應做之事項？
(1)資料備份 (2)建立資訊安全管制系統 (3)維修電腦 (4)和警局連線。

2. (2) 關於「防治天然災害威脅資訊安全措施」之敘述中，下列何者不適宜？
(1)設置防災監視中心 (2)經常清潔不用除濕
(3)設置不斷電設備 (4)設置空調設備。

解析 一般資訊硬體設備要注意防潮及防塵。

3. (3) 關於「資訊之人員安全管理措施」中，下列何者不適宜？
(1)銷毀無用報表 (2)訓練操作人員
(3)每人均可操作每一電腦 (4)利用識別卡管制人員進出。

4. (3) 關於「預防電腦病毒的措施」之敘述中，下列敘述何者錯誤？
(1)常用掃毒程式偵測 (2)不使用來路不明的隨身碟
(3)可拷貝他人有版權的軟體 (4)隨身碟設定在防寫位置。

5. (2) 關於「預防電腦病毒的措施」之敘述中，下列何種方式較不適用？
(1)常用掃毒程式檢查，有毒即將之清除 (2)常與他人交流各種軟體 (3)常做備份
(4)開機時執行偵毒程式。

6. (2) 下列哪一種程式具有自行複製繁殖能力，能破壞資料檔案及干擾個人電腦系統的運作？
(1)電腦遊戲 (2)電腦病毒 (3)電腦程式設計 (4)電腦複製程式。

7. (4) 「大腦病毒(Brain)」屬於何型病毒？
(1)混合型 (2)作業系統型 (3)程式檔案型 (4)開機型病毒。

8. (3) 電腦螢幕上出現「兩隻老虎」唱歌，但不會破壞檔案的病毒為？
(1)惡性病毒 (2)良性病毒 (3)頑皮性病毒 (4)開機型病毒。

9. (3) 下列何者不屬於資訊安全的威脅？
(1)天然災害 (2)人為過失 (3)存取控制 (4)機件故障。

10. (2) 下列何者屬於惡意破壞？
(1)人為怠慢 (2)擅改資料內容 (3)系統軟體有誤 (4)系統操作錯誤。

11. (1) 在資訊安全的種類中，有關媒體出入管制項目，是屬於下列何者的重要項目之一？
(1)實體安全 (2)資料安全 (3)程式安全 (4)系統安全。

12. (3) 下列何者不是電腦病毒的特性？
(1)駐留在主記憶體中 (2)具特殊的隱密攻擊技術
(3)關機或重開機後會自動消失 (4)具自我拷貝的能力。

解析 病毒會寄生於檔案中，不會因為關機再重新開機後而自動消失。

13. ( ) 下列那一項為解決勒索病毒最根本的方法？ (2)
    (1)安裝防毒軟體　　　　　　(2)定期離線備份成不同版本
    (3)使用合法軟體　　　　　　(4)使用異地線上即時同步備援。

14. ( ) 電腦病毒的侵入是屬於？ (3)
    (1)機件故障　(2)天然災害　(3)惡意破壞　(4)人為過失。

15. ( ) 使用同步式雲端儲存服務，下列那一項可以有效解決勒索病毒？ (3)
    (1)檔案在本地端儲存時即上傳雲端儲存　(2)雲端設置自動資料複本功能，有任何更新即複製到遠端另一台儲存設備　(3)版本控制　(4)雲端儲存裝置加裝防毒軟體。

16. ( ) 「減少因系統元件當機的影響」是屬於？ (3)
    (1)變更管理　(2)能量管理　(3)復原管理　(4)績效管理。

17. ( ) 災變復原計劃，不包括下列何者之參與？ (2)
    (1)程式設計人員　　　　　　(2)非組織內之使用人員
    (3)系統操作人員　　　　　　(4)資料處理人員。

18. ( ) 資料備份的常見做法為尋找第二安全儲存空間，其作法不包括？ (3)
    (1)尋求專業儲存公司合作　　(2)存放另一堅固建築物內
    (3)儲存在同一部電腦上　　　(4)使用防火保險櫃。

    解析 資料備份要儲存不同電腦。

19. ( ) 災害復原階段，首要的工作為何？ (2)
    (1)軟體的重置　(2)環境的重置　(3)系統的重置　(4)資料的重置。

20. ( ) 「電腦病毒」係下列何者？ (2)
    (1)硬體感染病菌　(2)一種破壞性軟體　(3)帶病細菌潛入主機　(4)磁片污垢。

21. ( ) 當你發現系統可能有毒時，下列哪一項是首先要做的？ (4)
    (1)馬上執行解毒程式　(2)按 Reset 鍵重新開機後，執行解毒程式　(3)置入乾淨無毒的系統開機片，按 Ctrl-Alt-Del 鍵重新開機後，執行解毒程式
    (4)置入乾淨無毒的系統開機片，按 Reset 鍵，重新開機後，執行解毒程式。

22. ( ) 關於「電腦病毒」的敘述中，下列何者有誤？ (3)
    (1)開機型病毒，開機後，即有病毒侵入記憶體　(2)中毒的檔案，由於病毒程式的寄居，檔案通常會變大　(3)主記憶體無毒，此時 COPY 無毒的檔案到隨身碟，將使隨身碟中毒　(4)檔案型病毒，將隨著檔案的執行，載入記憶體。

    解析 主記憶體無毒，此時 COPY 無毒的檔案到隨身碟，一般而言隨身碟不會中毒。

23. ( ) 為了防止資料庫遭破壞後無法回復，除了定期備份外，尚須做下列哪一件事？ (3)
    (1)管制使用　(2)人工記錄　(3)隨時記錄變動日誌(Log)檔　(4)程式修改。

24. ( ) 下列何者不是資訊系統安全之措施？ (3)
(1)備份(Backup) (2)稽核(Audit) (3)測試(Testing) (4)識別(Identification)。

> **解析** 測試(Testing)是軟體開發過程之一。

25. ( ) 下列那一項不屬於區塊鏈技術可以達到的安全效果？ (2)
(1)運用時間戳記來記錄交易 (2)以資料切割分開存放在不同主機 (3)使用橢圓曲線法來進行複雜加密處理 (4)將資料建成鏈狀，再以雜湊來建構資料集與資料集之關鏈。

26. ( ) 下列何者是錯誤的「系統安全」措施？ (2)
(1)加密保護機密資料 (2)系統管理者統一保管使用者密碼 (3)使用者不定期更改密碼 (4)網路公用檔案設定成「唯讀」。

27. ( ) 下列何者是錯誤的「保護資料」措施？ (2)
(1)機密檔案由專人保管 (2)資料檔案與備份檔案保存在同磁碟機 (3)定期備份資料庫 (4)留下重要資料的使用記錄。

> **解析** 資料備份要儲存不同電腦。

28. ( ) 下列何者是錯誤的「電腦設備」管理辦法？ (3)
(1)所有設備專人管理 (2)定期保養設備 (3)允許使用者因個人方便隨意搬移設備 (4)使用電源穩壓器。

29. ( ) 下列哪一項無法有效避免電腦災害發生後的資料安全防護？ (1)經常對磁碟作格式化動作(Format) (2)經常備份磁碟資料 (3)在執行程式過程中，重要資料分別存在硬碟及碟片上 (4)備份磁片存放於不同地點。 (1)

30. ( ) 下列哪一項動作進行時，重新開機會造成檔案被破壞的可能性？ (4)
(1)程式正在計算 (2)程式等待使用者輸入資料
(3)程式從磁碟讀取資料 (4)程式正在對磁碟寫資料。

31. ( ) 檔案型病毒會附著於下列何種檔案上？ (2)
(1)xxx.bat (2)xxx.exe (3)xxx.sys (4)xxx.txt。

> **解析** xxx.bat、xxx.sys、xxx.txt均為文字檔，因此不會感染檔案型病毒。檔案型病毒僅會感染執行檔 xxx.exe、xxx.com 或 Overlay 檔。

32. ( ) 電腦病毒通常不具有下列哪一項特性？ (4)
(1)寄居性 (2)傳染性 (3)繁殖性 (4)抵抗性。

33. ( ) 若某公司內部存在100名員工、50部個人電腦、20部印表機、且運作時須特定軟體「Windows」方可運作，則至少應採購幾套此一特定軟體的授權？ (4)
(1)20套 (2)1套 (3)100套 (4)50套。

> **解析** 一機一套授權軟體。

34. ( ) 電腦病毒的發作，是由於？ (2)
(1)操作不當 (2)程式產生 (3)記憶體突變 (4)細菌感染。

工作項目 4 資訊安全

35. ( ) 身分證字號的最後一碼是用來做為下列哪一種檢驗？ (3)
    (1)範圍 (2)總數 (3)檢查號碼的正確性 (4)一致性。

36. ( ) 確保電腦電源穩定的裝置是？ (4)
    (1)保護設備 (2)網路系統 (3)空調系統 (4)不斷電系統。

37. ( ) 下列何者不屬於保護電腦資料的安全措施？ (1)
    (1)工作人員意外險 (2)電路安全系統 (3)投保產物險 (4)消防設施。

38. ( ) 「電腦機房設置空調」的目的為下列何者？ (2)
    (1)避免機房空氣污染　　(2)避免電腦及附屬設備過熱
    (3)提供參觀的來賓使用　　(4)提供工作人員使用。

39. ( ) 個人電腦 (PC) 之硬碟如果已感染開機型病毒時，應該如何解決？ (4)
    (1)先關閉電源後再開機進行解毒 (2)按 Ctrl-Alt-Del 鍵溫機啟動 (3)每次感染病毒就重新格式化硬碟 (4)先關閉電源，以一片未感染病毒且可開機的儲存媒體由磁碟機重新開機後，再行解毒。

40. ( ) 下列何者是預防病毒感染的最佳途徑？ (4)
    (1)使用盜版軟體 (2)個人電腦(PC)上不安裝硬碟改用光碟 (3)由電子佈告欄(BBS)或區域網路 (LAN)上截取自己需用的程式 (4)使用原版軟體。

41. ( ) 如果電腦記憶體中已感染病毒，這時以溫機方式「按 Ctrl+Alt+Del 鍵」重新啟動電腦的話？ (1)
    (1)有可能所中病毒會摧毀硬碟 (2)硬碟中資料一定會被清除 (3)可清除感染的病毒 (4)做檔案備份時病毒才會發作。

42. ( ) 一部硬碟有可能會感染幾種病毒？ (1)
    (1)數種不同病毒 (2)二種病毒 (3)一種病毒 (4)不會被感染。

43. ( ) 比作業系統先一步被讀入記憶體中，並伺機對其他欲做讀寫動作的磁片感染病毒，此種是屬於下列哪一型病毒的特徵？ (2)
    (1)檔案非常駐型病毒 (2)開機型病毒 (3)檔案常駐型病毒 (4)木馬型病毒。

44. ( ) 下列對電腦犯罪的敘述何者為誤？ (1)
    (1)犯罪容易察覺 (2)採用手法較隱藏 (3)高技術性的犯罪活動 (4)與一般傳統犯罪活動不同。

45. ( ) 電腦病毒最主要的傳染途徑為？ (2)
    (1)灰塵 (2)網路 (3)鍵盤 (4)滑鼠。

46. ( ) 下列何者不是電腦感染病毒的現象？ (3)
    (1)檔案長度無故改變 (2)無法開機 (3)電源突然中斷 (4)鍵盤無法輸入。

    解析 電源突然中斷通常是電源供應器的問題。

47. ( ) 網路系統中資料安全的第一道保護措施為何？ (1)
    (1)使用者密碼 (2)目錄名稱 (3)使用者帳號 (4)檔案屬性。

48. ( ) 為了避免電腦中重要資料意外被刪除，我們應該？ (4)
    (1)嚴禁他人使用該部電腦　　(2)安裝保全系統
    (3)將資料內容全部列印為報表　(4)定期備份。

49. ( ) 為了避免文字檔案被任何人讀出，可進行加密(Encrypt)的動作。在加密時一般是給予該檔案？ (3)
    (1)存檔的空間　(2)個人所有權　(3)Key　(4)Userid。

50. ( ) 在電腦術語中常用的「UPS」，其主要功能為何？ (3)
    (1)消除靜電　(2)傳送資料　(3)防止電源中斷　(4)備份資料。

    解析　UPS：Uninterrupted Power Supply 不斷電系統。

51. ( ) 對於「防範電腦犯罪的措施」中，下列何者不正確？ (1)
    (1)避免採用開放系統架構　　(2)加強門禁管制
    (3)資料檔案加密　　(4)明確劃分使用者權限。

52. ( ) 下列何種類型的資訊安全威脅最難預防？ (4)
    (1)人為疏失　(2)機械故障　(3)天然災害　(4)蓄意破壞。

53. ( ) 所謂的「電腦病毒」其實是一種？ (4)
    (1)資料　(2)黴菌　(3)毒藥　(4)程式。

54. ( ) 在開機過程中佈下陷阱，暗中傳染病毒的是？ (3)
    (1)磁碟機病毒　(2)記憶體病毒　(3)開機型病毒　(4)檔案型病毒。

55. ( ) 將原執行檔程式的程序中斷，佈下陷阱後，再回頭繼續原始程式的可能病毒為下列哪一種？ (3)
    (1)記憶體病毒　(2)開機型病毒　(3)檔案型病毒　(4)磁碟機病毒。

56. ( ) 關於「唯讀檔案」的特性，何者不正確？ (1)
    (1)能變更其內容　　(2)用 DIR 命令可看到其檔案名稱
    (3)不可用 DEL 刪除　　(4)能看到其內容。

57. ( ) 製作「電腦病毒」是害人的人，是怎樣的行為？ (1)
    (1)最沒道德且違法　(2)有研究精神　(3)有創造思考能力　(4)偶像。

58. ( ) 下列何者對「電腦病毒」的描述是錯誤的？ (2)
    (1)它會使程式不能執行　　(2)病毒感染電腦後一定會立刻發作
    (3)它具有自我複製的能力　(4)它會破壞硬碟的資料。

    解析　病毒感染電腦後一定會立刻發作，不一定有病毒，要等到特定日子才發作，如13號星期五。

59. ( ) 下列那一項是區塊鏈用來達到認證的機制？ (2)
    (1)電子憑證　(2)共識決　(3)密碼　(4)Kerberos 認證機制。

工作項目 4 資訊安全

60. ( ) 為了防止因資料安全疏失所帶來的災害,一般可將資訊安全概分為下列哪四類? (4)
(1)實體安全,網路安全,病毒安全,系統安全
(2)實體安全,法律安全,程式安全,系統安全
(3)實體安全,資料安全,人員安全,電話安全
(4)實體安全,資料安全,程式安全,系統安全。

解析 一般資訊中心為確保電腦作業而採取各種防護的措施,而防護的項目有實體安全、資料安全、程式安全、系統安全。

61. ( ) 資訊安全的性質為何? (4)
(1)既不是技術問題,也不是管理問題 (2)純屬技術問題,無關管理 (3)純屬管理問題,無關技術問題 (4)不但是技術問題,且是管理問題。

62. ( ) 一般資訊中心為確保電腦作業而採取各種防護的措施,而防護的項目有四項,下列哪一項不在這四項之內? (4)
(1)實體 (2)資料 (3)系統 (4)上機紀錄。

63. ( ) 有關「電腦安全防護的措施」的敘述中,下列哪一項是同時針對「實體」及「資料」的防護措施? (1)人員定期輪調 (2)保留日誌檔 (3)不斷電系統 (4)管制上機次數與時間。 (3)

64. ( ) 對於「資訊中心的安全防護措施」的敘述中,下列哪一項不正確? (3)
(1)資訊中心的電源設備必有穩壓器及不斷電系統 (2)機房應選用耐火、絕緣、散熱性良好的材料 (3)四份以上的資料備份,並一起收妥以防遺失 (4)需要資料管制室,做為原始資料的驗收、輸出報表的整理及其他相關資料保管。

解析 四份以上的資料備份,應分散不同地方。

65. ( ) 關於「資訊中心的安全防護措施」中,下列何者不正確? (3)
(1)重要檔案每天備份四份以上,並分別存放 (2)設置煙及熱度感測器等設備,以防災害發生 (3)雖是不同部門,資料也可以相互交流,以便相互支援合作,順利完成工作 (4)加裝穩壓器及不斷電系統(UPS)。

66. ( ) 下列何者不是電腦病毒的特性? (1)
(1)病毒一旦病發就一定無法解毒 (2)病毒會寄生在正常程式中,伺機將自己複製並感染給其它正常程式 (3)有些病毒發作時會降低CPU的執行速度 (4)當病毒感染正常程式中,並不一定會立即發作,有時須條件成立時,才會發病。

解析 病毒一旦病發就一定無法解毒,仍有可能解毒。

67. ( ) 防毒軟體可分為三種設計方式,下列哪一項不屬之? (1)
(1)抽查式的防毒軟體 (2)掃描式的防毒軟體
(3)檢查碼式的防毒軟體 (4)推測病毒行為模式的防毒軟體。

71

68. ( ) 主要的硬體安全防護措施中，下列何者不正確？ (3)
    (1)虛擬電腦系統(Virtual machine)　(2)記憶體的保護
    (3)上線密碼(Login-Pass Word)　(4)核心設計(Kernel design)。

    解析　上線密碼(Login-Pass Word)是資訊安全防護措施。

69. ( ) 關於「防火牆」之敘述中，下列何者不正確？ (4)
    (1)防火牆無法防止內賊對內的侵害，根據經驗，許多入侵或犯罪行為都是自己人或熟知內部網路佈局的人做的　(2)防火牆基本上只管制封包的流向，它無法偵測出外界假造的封包，任何人皆可製造假的來源住址的封包　(3)防火牆無法確保連線的可信度，一旦連線涉及外界公眾網路，極有可能被竊聽或劫奪，除非連線另行加密保護　(4)防火牆可以防止病毒的入侵。

    解析　防毒軟體才可以防止病毒的入侵。

70. ( ) 下列何者不是「數位簽名」的功能之一？ (2)
    (1)證明了信的來源　(2)做為信件分類之用
    (3)可檢測信件是否遭竄改　(4)發信人無法否認曾發過信。

71. ( ) 下列何者不是常見的「Web 安全協定」之一？ (3)
    (1)私人通訊技術(PCT)協定　(2)安全超文字傳輸協定(S-HTTP)
    (3)電子佈告欄(BBS)傳輸協定　(4)安全電子交易(SET)協定。

    解析　BBS 傳輸協定不具安全防護功能

72. ( ) 下列何者是兩大國際信用卡發卡機構 Visa 及 MasterCard 聯合制定的網路信用卡安全交易標準？ (4)
    (1)私人通訊技術(PCT)協定　(2)安全超文字傳輸協定(S-HTTP)
    (3)電子佈告欄(BBS)傳輸協定　(4)安全電子交易(SET)協定。

73. ( ) 下列何者是一個用來存放與管理通訊錄及我們在網路上付費的信用卡資料，以確保交易時各項資料的儲存或傳送時的隱密性與安全性？ (1)
    (1)電子錢包　(2)商店伺服器　(3)付款轉接站　(4)認證中心。

74. ( ) 下列何者較不可能為電腦病毒之來源？ (2)
    (1)網路　(2)原版光碟　(3)電子郵件　(4)免費軟體。

75. ( ) 下列何者不是電腦病毒的分類之一？ (3)
    (1)開機型病毒　(2)檔案型病毒　(3)加值型病毒　(4)巨集型病毒。

    解析　加值型病毒沒有定義。

76. ( ) 下列何者無法辨識是否被病毒所感染？ (4)
    (1)檔案長度及日期改變　(2)系統經常無故當機
    (3)奇怪的錯誤訊息或演奏美妙音樂　(4)系統執行速度變快。

    解析　通常中毒系統執行速度變慢。

77. ( ) 一個成功的安全環境之首要部份是建立什麼？ (1)
(1)安全政策白皮書　(2)認證中心　(3)安全超文字傳輸協定　(4)BBS。

78. ( ) 下列何者是網路安全之原則？ (2)
(1)寫下你的密碼　(2)密碼中最好包含字母及非字母字元　(3)用你名字或帳號當作密碼　(4)用你個人的資料當作密碼。

79. ( ) 如果一個僱員必須被停職，他的網路存取權應在何時被關閉？ (3)
(1)停職後一週　　　　　　(2)停職後二週
(3)給予他停職通知前　　　(4)不需關閉。

80. ( ) 離開座位的時候正確的電腦安全習慣是 (1)
(1)啟動已設定密碼之螢幕保護程式
(2)關掉電腦螢幕電源
(3)為節省時間，連線網路下載大量資料
(4)保持開機狀態，節省重新開機時間。

81. ( ) 有關於「弱點法則」的描述，下列何者為錯誤？ (2)
(1)舊的弱點攻擊重新發生的主要原因，多來自組織單位重新安裝佈署機器後未能立即修補　(2)有心人士利用弱點的入侵攻擊行為，大約只有20%的少部份比率是發生在重要弱點的頭二個半衰期　(3)安全弱點半衰期指的是一個重要的弱點，每隔一般時間後，發現有此弱點的系統將會減半　(4)常見的嚴重弱點一年內會被另一個新發現的弱點取代。

> **解析** 應為80%。

82. ( ) 下列何者不是使用即時通訊軟體應有的正確態度？ (3)
(1)不輕易開啟接收的檔案　(2)不任意安裝來路不明的程式　(3)對不認識的網友開啟視訊功能以示友好　(4)不輕信陌生網友的話。

83. ( ) 「Cross-site scripting 攻擊」無法達到下列何種行為？ (2)
(1)強迫瀏覽者轉址　　　　(2)取得網站伺服器控制權
(3)偷取瀏覽者 cookie　　　(4)騙取瀏覽者輸入資料。

> **解析** 跨網站攻擊(Cross-Site Scripting, XSS)是駭客針對網站應用程式漏洞的攻擊手法，將HTML 或 Script 指令插入網頁中，影響他人看網頁。

84. ( ) 對於「零時差攻擊(zero-day attack)」的描述，下列何者正確？ (1)
(1)在軟體弱點被發現，但尚未有任何修補方法前所出現的對應攻擊行為
(2)在午夜12點(零點)發動攻擊的一種病毒行為
(3)弱點掃瞄與攻擊發生在同一天的一種攻擊行為
(4)攻擊與修補發生在同一天的一種網路事件。

> **解析** 零時差攻擊(zero-day attack)指的是駭客找到產品或協議中的安全性漏洞，立即針對此漏洞所進行的攻擊。

85. ( ) 下列何者不是「特洛伊木馬(Trojan Horse)」的特徵？ (2)
    (1)會破壞資料　　　　　　　(2)會自我複製
    (3)不會感染其他檔案　　　　(4)會竊取使用者密碼。

86. ( ) 「資料外洩」是破壞了「資訊安全」中的哪一面向？ (2)
    (1)可用性(Availability)　　　(2)機密性(Confidentiality)
    (3)不可否認性(Non-repudiation)　(4)完整性(Integrity)。

87. ( ) 不使用未經驗證合格之電腦屬於哪一種風險對策？ (4)
    (1)破解　(2)降低　(3)接受　(4)迴避。

88. ( ) 下列敘述何者正確？ (1)
    (1)資訊安全的問題人人都應該注意
    (2)我的電腦中沒有重要資料所以不需注意資訊安全的問題
    (3)為了怕忘記，所以應把密碼愈簡單易記愈好
    (4)網路上的免費軟體應多多下載，以擴充電腦的功能。

89. ( ) 有關於「弱點」的描述，下列何者錯誤？ (1)
    (1)弱點是一種使用者操作上的錯誤或瑕疵　(2)弱點存在與暴露可能導致有心人士利用作為入侵途徑　(3)弱點可能導致程式運作出現非預期結果而造成程式效能上的損失或進一步的權益損害　(4)管理員若未能即時取得弱點資訊與修正檔將導致被入侵的可能性增加。

    解析　弱點是一種設計、實作或操作上的錯誤或瑕疵。

90. ( ) 「資訊安全」的三個面向不包含下列何者？ (3)
    (1)機密性(Confidentiality)　　(2)可用性(Availability)
    (3)不可否認性(Non-repudiation)　(4)完整性(Integrity)。

    解析　資訊安全(Information Security)指保護資訊之機密性、完整性與可用性。
    1. 機密性(Confidentiality)：資料不得被未經授權之個人、實體或程序所取得或揭露的特性。
    2. 完整性(Integrity)：對資產之精確與完整安全保證的特性。
    3. 可用性(Availability)：已授權實體在需要時可存取與使用之特性。

91. ( ) 可過濾、監視網路上的封包與通聯狀況，達到保護電腦的軟體為何？ (2)
    (1)防毒軟體　(2)防火牆　(3)瀏覽器　(4)即時通。

92. ( ) 資安事件的防護機制可採取下列哪一方式？ (4)
    (1)DIY(執行、檢查、回報)
    (2)TINA(測試、保險、協商、執行)
    (3)PIRR(預防、保險、回應、復原)
    (4)PDRR(預防、偵測、回應、復原)。

93. ( ) 社交工程造成資訊安全極大威脅的原因在於下列何者？ (3)
(1)破壞資訊服務可用性，使企業服務中斷 (2)隱匿性高，不易追查惡意者 (3)惡意人士不需要具備頂尖的電腦專業技術即可輕易地避過了企業的軟硬體安全防護 (4)利用通訊埠掃瞄(Port Scan)方式，無從防範。

解析 社交工程造成極大威脅的原因，在於惡意人士不需要具備頂尖的電腦專業技術，只要企業員工對於防範詐騙沒有足夠的認知，就可以輕易地避過了企業的軟硬體安全防護，而騙取到各項帳號密碼、個人資料、財務資料或公司重要資料等資訊，對企業所造成的損害與威脅，完全不下於網路上的各種駭客攻擊。
資料來源：iSecurity

94. ( ) 政府機關公務內部網路系統資訊遭竊的最主要威脅來自下列何者？ (2)
(1)社交工程與位址假造　　　　(2)社交工程與零時差攻擊結合
(3)國際恐怖份子與國內政治狂熱者　(4)實體安全防護不佳。

解析 2006年4月國家資通安全會報技術服務中心發佈漏洞預警，發現駭客使用未公開的MS-Office弱點設計及散播惡意電子郵件，結合社交工程與零時差攻擊嚴重威脅政府機關公務內部網路系統。

95. ( ) 下列哪一項瀏覽器的設定和提高安全性無關？ (1)
(1)HomePage (2)ActiveX (3)Cookie (4)Script。

解析 HomePage是指網頁的首頁位址。

96. ( ) 遇到不明人士要進入管制區域的最好處理方式是下列何者？ (4)
(1)因為是來往洽公人員，所以沒關係
(2)可能是長官巡視，就幫他開門
(3)立即阻止其進入，通知檢警調單位協助處理
(4)瞭解其來意，通知相關人員陪同進入。

97. ( ) 下列何者不是「虛擬私人網路(VPN，Virtual Private Network)」採用的技術原理？ (3)
(1)穿隧技術 (2)加解密技術 (3)備援技術 (4)使用者與設備身份鑑別技術。

98. ( ) 如何最有效建立員工資訊安全意識？ (4)
(1)從工作中建立 (2)懲罰 (3)獎勵 (4)定期提醒與教育訓練。

99. ( ) 對需考慮資訊安全的公司或單位,下列何者是屬於進出公司必要進行安全管制的可攜式設備或可攜式儲存媒體？ (3)
(1)手機、隨身碟、平板電腦、投影機 (2)手機、隨身碟、筆記型電腦、投影機
(3)手機、隨身碟、平板電腦、筆記型電腦 (4)隨身碟、平板電腦、筆記型電腦、投影機。

解析 投影機不是儲存媒體，屬輸出設備。

100. ( ) 對於使用可攜式儲存媒體(光碟或隨身碟)的風險描述，下列何者有誤？ (1)
(1)只要不開啟其中內容，就算已連接到電腦上，也是安全的 (2)容易將電腦病毒、木馬程式傳回自己或其他的電腦 (3)媒體容易遺失 (4)儲存其中的資料易遭竊取或竄改。

解析 隨身碟的設定檔 autorun.inf 會在插入後自動被啟動。

101. ( ) 下列何者不是防範電子郵件社交工程的有效措施？ (4)
(1)安裝防毒軟體，確實更新病毒碼 (2)確認信件是否來自來往單位 (3)取消信件預覽功能 (4)制訂企業資訊安全政策，禁止使用非法郵件軟體。

解析 禁止使用非法郵件軟體無法防範電子郵件社交工程，避免開啟不明郵件才是正確作法。

102. ( ) 下列哪一項攻擊無法藉由過濾輸入參數來防禦？ (1)
(1)Directory listing (2)SQL injection
(3)Cross site scripting (4)Command injection。

解析 Directory listing 是指伺服器設定不當，駭客可列出網站目錄下的機密檔案列出。

103. ( ) 某企業為因應潮流並提升其企業對資訊系統的安全防護，決定導入最新的 ISMS 國際驗證標準，請問它應該導入的驗證標準是什麼？ (2)
(1)ISO/IEC 17799:2005 (2)ISO/IEC 27001
(3)BS7799 part 1 (4)ISO 9001:2000。

104. ( ) 下列對安裝作業系統時的安全考量，何者為不適當的處理？ (3)
(1)作業系統軟體的合法性 (2)作業系統修補套件的安裝處理 (3)作業系統軟體的破解版備份 (4)預設環境設定中不安全因素的修改檢驗。

105. ( ) 下列何者是好的電子郵件使用習慣？ (4)
(1)收到信件趕快打開或執行郵件中的附檔 (2)利用電子郵件傳遞機密資料 (3)使用電子郵件大量寄發廣告信 (4)不輕易將自己的電子郵件位址公佈與網站中。

106. ( ) 「社交工程(social engineering)」是一種利用下列何種特性所發展出來的攻擊手法？ (2)
(1)通訊協定的弱點 (2)人際互動與人性弱點
(3)作業系統的漏洞 (4)違反資料機密性(Confidentiality)的要求。

107. ( ) 透過網路入侵別人的電腦，破壞或竊取資料謀利者，一般稱之為何？ (3)
(1)人客 (2)海客 (3)駭客 (4)害客。

108. ( ) 下列敘述何者錯誤？ (4)
(1)跨站指令碼不但影響伺服主機，甚至會導致瀏覽者受害
(2)SQL injection 是一種攻擊網站資料庫的手法
(3)跨目錄存取是因為程式撰寫不良
(4)存放網頁應用程式的系統安裝最新系統修補程式後，便不會存有弱點。

解析 只要系統在運作就有機會存在弱點。

109. ( ) 在 ISMS 的稽核報告中，不滿足標準條款規定的，稱之為何？ (1)
(1)不符合事項(non-conformance)　　(2)缺失事項(defect)
(3)不足事項(deficient)　　(4)建議事項(recommend)。

110. ( ) 下列何者不是「資料隱碼攻擊(SQL injection)」的特性？ (1)
(1)為使用者而非開發程式者造成　　(2)造成資料庫資料遭竄改或外洩
(3)主要原因為程式缺乏輸入驗證　　(4)可跳過驗證並入侵系統。

111. ( ) 系統安全漏洞發生的主要原因為何？ (2)
(1)硬體速度過慢　　(2)系統程式開發之疏失
(3)電腦儲存空間不足　　(4)電源供應不穩定。

112. ( ) 資訊安全是必須保護資訊資產的哪些特性？ (4)
(1)機密性、方便性、可讀性　　(2)完整性、可攜性、機動性
(3)機動性、可用性、完整性　　(4)可用性、完整性、機密性。

113. ( ) 防毒軟體的功能不包含下列何者？ (4)
(1)即時偵測電腦病毒　　(2)掃描檔案是否有電腦病毒
(3)處理中電腦病毒的檔案　　(4)備份中毒檔案。

114. ( ) 在公共環境中使用自己的筆記型電腦若偵測到可用的無線網路時應該如何處置？ (2)
(1)馬上連線使用
(2)確認自己是否有使用權並瞭解其安全保護機制再決定是否使用
(3)無線網路不易監聽所以可以放心傳送重要的資訊
(4)只要確認自己的筆記型電腦的資料傳輸是經過加密的，就可放心使用。

115. ( ) 有關「防火牆」敘述，下列何者正確？ (3)
(1)企業使用，個人電腦中無法使用　　(2)有了防火牆，電腦即可得到絕對的安全防護　　(3)防火牆如果沒有合適的設定則無法發揮過濾阻擋功效　　(4)防火牆可以修補系統的安全漏洞。

116. ( ) 下列哪一項不屬於「社交工程攻擊」手法？ (2)
(1)郵件仿冒或偽裝　　(2)針對帳號密碼採行字典攻擊法
(3)網路釣魚　　(4)電話詐騙個人資訊。

117. ( ) 下列那一項區塊鏈技術的描述不正確？ (1)
(1)使用最少的資源來達到最安全的效果
(2)仰賴多台網路主機來協助產生區塊
(3)區塊是以被雜的加密和雜湊演算法來執行
(4)每一項交易都需要進行資料認證。

118. ( ) 從資訊安全的角度而言,下列哪一種作法是不適當的? (1)
(1)轉寄信件時將前寄件人的收件名單引入信件中
(2)不在網站中任意留下自己的私密資料
(3)不使用電子郵件傳遞機密文件
(4)使用防毒軟體保護自己的電腦。

119. ( ) 下列何者不是資訊安全要維護的資訊特性? (4)
(1)保密性　(2)完整性　(3)可用性　(4)可讀性。

120. ( ) 下列何者不是資訊安全威脅的攻擊目的? (4)
(1)侵入　(2)竄改或否認　(3)阻斷服務　(4)獲得歸屬感。

121. ( ) 下列何者不是資料隱碼攻擊(SQL Injection)的防禦方法? (4)
(1)對字串過濾並限制長度
(2)加強資料庫權限管理,不以系統管理員帳號連結資料庫
(3)對使用者隱藏資料庫管理系統回傳的錯誤訊息,以免攻擊者獲得有用資訊
(4)在程式碼中標示註解。

122. ( ) 下列何者不是通關密碼的破解方法? (4)
(1)窮舉攻擊　(2)字典攻擊　(3)彩虹表攻擊　(4)RGB攻擊。

123. ( ) 下列何者不可能是後門攻擊的後門產生途徑? (4)
(1)軟體開發者忘記移除的維護後門　(2)攻擊者植入的後門　(3)管理人員安裝的遠端控制軟體　(4)軟體開發者打開的客廳後門。

124. ( ) 下列何者不是入侵偵測與防禦系統(IDPS)的安全事件偵測方法? (4)
(1)比對惡意攻擊的特徵　　　(2)分析異常的網路活動
(3)偵測異常的通訊協定狀態　(4)確認使用者的權限。

125. ( ) 下列何者不是網路安全漏洞的可能來源? (4)
(1)軟體的瑕疵　(2)使用者的不良使用習慣　(3)多種軟/硬體結合而產生的問題
(4)圍牆與機房之間的距離很大。

126. ( ) 下列何種作法無法強化網頁伺服器的安全? (4)
(1)伺服器只安裝必要的功能模組　(2)封鎖不良使用者的IP　(3)使用防火牆使其只能於組織內部存取　(4)組織的所有電腦均使用Intel CPU。

127. ( ) 下列關於實體安全防禦措施的說明,何者不正確? (4)
(1)在事前,實體安全防禦措施要達到嚇阻效果,讓攻擊者知難而退　(2)在事件發生中,實體安全防禦措施應能儘量拖延入侵者的行動　(3)在偵測到入侵事件後,實體安全防禦措施須能儘量記錄犯罪證據,以為事後追查與起訴的憑據　(4)在事件發生中,實體安全防禦措施要達到嚇阻效果,讓攻擊者知難而退。

128. ( ) 企業的防火牆通常不應該拒絕下列哪種封包? (3)
(1)外部進入的telnet封包　(2)外部進入但位址標示為內部的封包　(3)外部進入的HTTP封包　(4)外部進入且目的位址是防火牆的封包。

工作項目 4 資訊安全

129. ( ) 下列何者不是發生電腦系統記憶體滲漏(Memory Leak)的可能肇因？ (3)
(1)作業系統有錯誤　　(2)應用程式有錯誤
(3)網路卡故障　　(4)驅動程式有錯誤。

130. ( ) 下列何種協定可以讓組織在區域網路內使用私人IP，而在公開網路上共用一個外部IP？　(1)VLAN　(2)DMZ　(3)VPN　(4)NAT。 (4)

131. ( ) 下列何者最能確保通訊資料的安全性？ (4)
(1)壓縮資料　(2)備份資料　(3)分割資料　(4)加密資料。

132. ( ) 公開金鑰密碼系統中，要讓資料傳送時以亂碼呈現，並且傳送者無法否認其傳送行為，需要使用哪兩個金鑰同時加密才能達成？ (4)
(1)傳送者及接收者的私鑰　(2)傳送者及接收者的公鑰　(3)接收者的私鑰及傳送者的公鑰　(4)接收者的公鑰及傳送者的私鑰。

> **解析** 傳送者的私鑰加密文件用於未來辨識之用。
> 接收者的公鑰加密文件用於傳輸之用。

133. ( ) 下列何者可以在使用者不知情的情況下收集密碼？ (1)
(1)按鍵記錄器　(2)鍵盤驅動程式　(3)藍芽接收器　(4)滑鼠驅動程式。

134. ( ) 包含可辨識單字的密碼，容易受到哪種類型的攻擊？ (2)
(1)DDoS攻擊　(2)字典攻擊　(3)雜湊攻擊　(4)回放攻擊。

> **解析**
> (1) DDoS攻擊：同時發動多台電腦同時攻擊同1部主機。
> (2) 字典攻擊：將字典裡面所查的到的任何單字或片語都輸入的程式中，然後使用該程式一個一個的去嘗試破解你的密碼。
> (3) 雜湊攻擊：竊取並重複使用密碼雜湊值，而不是實際的原始資料密碼，然後使用這些密碼來驗證網路中的其他電腦。
> (4) 回放攻擊：攻擊者發送一個目的主機已接收過的封包，來達到欺騙系統的目的，主要用於身份認證過程，破壞認證的正確性。

135. ( ) 如果您是某地方法院的資訊管理師，某位自稱王書記官的使用者來電要求變更密碼，您應該優先做何種處置？ (2)
(1)提供新的密碼　　(2)驗證使用者的身分
(3)替使用者更換電腦　　(4)中斷使用者電腦的網路連線。

136. ( ) 入侵偵測方法中，相較於特徵偵測(Signature-Based Detection)，異常偵測(Anomaly-Based Detection)的好處為何？ (2)
(1)偵測比較準確　　(2)可以偵測未知的威脅
(3)速度較快　　(4)可以做到即時偵測。

137. ( ) 下列何者不是加密方法？ (3)
(1)AES　(2)DES　(3)NAS　(4)RSA。

138. ( ) 下列哪種方法可以有效降低入侵偵測系統(IDS)的誤判機率？ (2)
(1)優化通知的優先順序　(2)將已知有風險者記入黑名單，已知安全者記入白名單　(3)更多元的警示方式　(4)修改IDS，讓它更符合組織的安全政策。

139. ( ) 相較於特徵比對法，下列何者是使用探索法防毒軟體的優點？ (4)
(1)對於識別已知惡意程式相當有效　(2)擅長偵測已知病毒的變形、變種
(3)可有效降低誤殺率　(4)可以偵測全新的病毒。

解析：防毒軟體對惡意程式的偵測方式多以比對特徵(signatures)為主；這種方法對識別已知惡意程式相當有效，對已知病毒的變形、變種也有很好的偵測效果。要偵測全新的惡意程式或病毒，則使用探索法(heuristic method)。

140. ( ) 下列何者沒有 Redundancy？ (1)
(1)RAID 0　(2)RAID 1　(3)RAID 10　(4)RAID 3。

141. ( ) 下列何種駭客手法是在 DNS 伺服器插入錯誤訊息，藉以將網站訪問者引導到其它網站？ (1)
(1)DNS-Poisoning　　　　　(2)DNS-Hijacking
(3)DNS-Cracking　　　　　(4)DNS-Injection。

解析：「DNS 快取記憶體下毒」（DNS Cache Poisoning）的手法，是 Pharming 其中之一，直接攻擊網域名稱系統（Domain Name System；DNS）伺服器，一方面直接竄改 DNS 伺服器內容，一方面向其他 DNS 伺服器或網路上任何查詢請求，提供假造的 DNS 遞迴（Recursion）資訊服務。受害者就會被導入至駭客映射自原合法網站的假網頁中，即使直接輸入正確官方網址，依然無甚用處。

142. ( ) 下列何種措施有害於資訊安全？ (1)
(1)使用者的使用權限均相同　(2)定期保存日誌檔　(3)設置密碼　(4)資料備份。

143. ( ) Windows 作業系統不可以替下列何者指定 NTFS 權限？ (1)
(1)副檔名　(2)檔案　(3)資料夾　(4)子資料夾。

144. ( ) 下列何者不是企業常用來防止駭客入侵內部網路的措施？ (3)
(1)定期更換使用者密碼　(2)電腦加裝掃毒軟體且定期更新版本　(3)定期進行資料備份　(4)在內部網路與外部網路間建構防火牆。

解析：定期進行資料備份是為保存資料。

145. ( ) 下列有關網路防火牆（Firewall）的敘述，何者正確？ (1)
(1)用來防止駭客入侵的防護機制　　(2)壓縮與解壓縮技術
(3)資料加解密技術　　　　　　　　(4)電子商務的線上付款機制。

146. ( ) 下列敘述何者錯誤？ (2)
(1)販賣盜版軟體是違法的行為
(2)電腦病毒不可能經由光碟片來感染
(3)使用並定期更新防毒軟體可以降低感染電腦病毒的機會
(4)惡意製作並散播電腦病毒是違法的行為。

解析：唯讀光碟是無法任意寫入的，因此不會中毒。但如果燒錄前檔案中毒，其光碟就有機會傳染。

147. ( ) 下列有關數位憑證的敘述，何者正確？ (2)
(1)只能由警察局核發　(2)可用來辨識認證對象的身分　(3)自然人憑證不屬於數位憑證　(4)自然人憑證只有公司行號能申請，個人無法申請。

解析 自然人憑證可以個人申請。

148. ( ) 使用防火牆有助於防範下列何種駭客的攻擊？ (3)
(1)零時差攻擊　(2)網路釣魚　(3)阻斷服務攻擊　(4)邏輯炸彈。

149. ( ) 下列有關電腦病毒的敘述及處理，何者正確？ (4)
(1)關閉電腦電源，即可消滅電腦病毒　(2)由於Word文件不是可執行檔，因此不會感染電腦病毒　(3)購買及安裝最新的防毒軟體，即可確保電腦不會中毒　(4)上網瀏覽網頁有可能會感染電腦病毒。

解析 電腦病毒可以感染檔案。word可以撰寫巨集，因此也有可能中毒。安裝防毒軟體前確認電腦是乾淨！

150. ( ) 駭客發現軟體的安全漏洞後，趁廠商尚未進行修補時，立刻進行攻擊，這種手法稱為？　(1)零時差攻擊　(2)BotNet攻擊　(3)木馬攻擊　(4)DoS攻擊。 (1)

解析 BotNet攻擊：駭客遙控大量的「殭屍電腦」來濫發垃圾郵件、竊取他人個資等不法行為。

木馬攻擊：木馬程式(Trojan Horse)其實是一種惡性程式，和病毒(Virus)最大的不同是，特洛伊木馬通常不會自我複製，大多用來竊取電腦密碼。它類似一種遠端管理工具，本身不帶傷害性，也沒有感染力。

DoS攻擊：針對特定主機不斷且持續發出大量封包，藉以癱瘓系統。

零時差攻擊：駭客發現軟體的安全漏洞後，趁廠商尚未進行修補時，立刻進行攻擊。

151. ( ) 駭客遙控大量的「殭屍電腦」來濫發垃圾郵件、竊取他人個資等不法行為，這種手法稱為？ (2)
(1)木馬攻擊　(2)BotNet攻擊　(3)零時差攻擊　(4)網路釣魚攻擊。

解析 網路釣魚攻擊：使用垃圾郵件、惡意網站、電子郵件及即時通訊來誘騙人們洩漏機密資訊，例如銀行與信用卡帳戶。

152. ( ) 下列何種觀念敘述不正確？ (4)
(1)使用防毒軟體仍需經常更新病毒碼　(2)不可隨意開啟不明來源電子郵件的附加檔案　(3)重要資料燒錄於光碟儲存，可避免受病毒感染及破壞　(4)將資料備份於不同的資料夾內，可確保資料安全。

153. ( ) 下列何種攻擊針對特定主機不斷且持續發出大量封包，藉以癱瘓系統？ (3)
(1)木馬攻擊　(2)網路蠕蟲攻擊　(3)阻斷服務(DoS)攻擊　(4)隱私竊取。

解析 網路蠕蟲攻擊：蠕蟲是一種能夠自我複製的電腦程式，但蠕蟲不會感染其他檔案。蠕蟲在一台電腦上安裝後，會試圖使用各種方式散播到其他電腦上。蠕蟲會掌握電腦傳輸檔案或資訊的功能，系統一旦被蠕蟲感染，就會自動蔓延。蠕蟲可將自己複製傳送給您的電子郵件通訊錄的所有人，而收件者也會相繼操作相同的動作，最後造成大量網路流量的連鎖反應，進一步的降低整個企業網路和網際網路的速度。

90006 職業安全衛生共同科目

不分級 工作項目 01：職業安全衛生

單選題

1. ( ) 對於核計勞工所得有無低於基本工資，下列敘述何者有誤？
   (1)僅計入在正常工時內之報酬　(2)應計入加班費　(3)不計入休假日出勤加給之工資　(4)不計入競賽獎金。　(2)

2. ( ) 下列何者之工資日數得列入計算平均工資？
   (1)請事假期間　(2)職災醫療期間　(3)發生計算事由之當日前 6 個月　(4)放無薪假期間。　(3)

3. ( ) 以下對於「例假」之敘述，何者有誤？
   (1)每 7 日應有例假 1 日　(2)工資照給　(3)天災出勤時，工資加倍及補休　(4)須給假，不必給工資。　(4)

4. ( ) 勞動基準法第 84 條之 1 規定之工作者，因工作性質特殊，就其工作時間，下列何者正確？
   (1)完全不受限制　(2)無例假與休假　(3)不另給予延時工資　(4)得由勞雇雙方另行約定。　(4)

5. ( ) 依勞動基準法規定，雇主應置備勞工工資清冊並應保存幾年？
   (1)1 年　(2)2 年　(3)5 年　(4)10 年。　(3)

6. ( ) 事業單位僱用勞工多少人以上者，應依勞動基準法規定訂立工作規則？
   (1)30 人　(2)50 人　(3)100 人　(4)200 人。　(1)

7. ( ) 依勞動基準法規定，雇主延長勞工之工作時間連同正常工作時間，每日不得超過多少小時？
   (1)10　(2)11　(3)12　(4)15。　(3)

8. ( ) 依勞動基準法規定，下列何者屬不定期契約？
   (1)臨時性或短期性的工作　(2)季節性的工作　(3)特定性的工作　(4)有繼續性的工作。　(4)

9. ( ) 依職業安全衛生法規定，事業單位勞動場所發生死亡職業災害時，雇主應於多少小時內通報勞動檢查機構？
   (1)8　(2) 12　(3) 24　(4)48。　(1)

10. ( ) 事業單位之勞工代表如何產生？
    (1)由企業工會推派之　(2)由產業工會推派之　(3)由勞資雙方協議推派之　(4)由勞工輪流擔任之。　(1)

11. ( ) 職業安全衛生法所稱有母性健康危害之虞之工作，不包括下列何種工作型態？ (4)
(1)長時間站立姿勢作業　(2)人力提舉、搬運及推拉重物　(3)輪班及工作負荷
(4)駕駛運輸車輛。

12. ( ) 依職業安全衛生法施行細則規定，下列何者非屬特別危害健康之作業？ (3)
(1)噪音作業　(2)游離輻射作業　(3)會計作業　(4)粉塵作業。

13. ( ) 從事於易踏穿材料構築之屋頂修繕作業時，應有何種作業主管在場執行主管業務？ (3)
(1)施工架組配　(2)擋土支撐組配　(3)屋頂　(4)模板支撐。

14. ( ) 以下對於「工讀生」之敘述，何者正確？ (4)
(1)工資不得低於基本工資之80%　(2)屬短期工作者，加班只能補休　(3)每日正常工作時間得超過8小時　(4)國定假日出勤，工資加倍發給。

15. ( ) 勞工工作時手部嚴重受傷，住院醫療期間公司應按下列何者給予職業災害補償？ (3)
(1)前6個月平均工資　(2)前1年平均工資　(3)原領工資　(4)基本工資。

16. ( ) 勞工在何種情況下，雇主得不經預告終止勞動契約？ (2)
(1)確定被法院判刑6個月以內並諭知緩刑超過1年以上者　(2)不服指揮對雇主暴力相向者　(3)經常遲到早退者　(4)非連續曠工但1個月內累計達3日以上者。

17. ( ) 對於吹哨者保護規定，下列敘述何者有誤？ (3)
(1)事業單位不得對勞工申訴人終止勞動契約　(2)勞動檢查機構受理勞工申訴必須保密　(3)為實施勞動檢查，必要時得告知事業單位有關勞工申訴人身分　(4)任何情況下，事業單位都不得有不利勞工申訴人之行為。

18. ( ) 職業安全衛生法所稱有母性健康危害之虞之工作，係指對於具生育能力之女性勞工從事工作，可能會導致的一些影響。下列何者除外？ (4)
(1)胚胎發育　(2)妊娠期間之母體健康　(3)哺乳期間之幼兒健康　(4)經期紊亂。

19. ( ) 下列何者非屬職業安全衛生法規定之勞工法定義務？ (3)
(1)定期接受健康檢查　(2)參加安全衛生教育訓練　(3)實施自動檢查　(4)遵守安全衛生工作守則。

20. ( ) 下列何者非屬應對在職勞工施行之健康檢查？ (2)
(1)一般健康檢查　(2)體格檢查　(3)特殊健康檢查　(4)特定對象及特定項目之檢查。

21. ( ) 下列何者非為防範有害物食入之方法？ (4)
(1)有害物與食物隔離　(2)不在工作場所進食或飲水　(3)常洗手、漱口　(4)穿工作服。

22. ( ) 原事業單位如有違反職業安全衛生法或有關安全衛生規定，致承攬人所僱勞工發生職業災害時，有關承攬管理責任，下列敘述何者正確？ (1)
(1)原事業單位應與承攬人負連帶賠償責任　(2)原事業單位不需負連帶補償責任
(3)承攬廠商應自負職業災害之賠償責任　(4)勞工投保單位即為職業災害之賠償單位。

23. ( ) 依勞動基準法規定，主管機關或檢查機構於接獲勞工申訴事業單位違反本法及其他勞工法令規定後，應為必要之調查，並於幾日內將處理情形，以書面通知勞工？ (1)14 (2)20 (3)30 (4)60。 (4)

24. ( ) 我國中央勞動業務主管機關為下列何者 (1)內政部 (2)勞工保險局 (3)勞動部 (4)經濟部。 (3)

25. ( ) 對於勞動部公告列入應實施型式驗證之機械、設備或器具，下列何種情形不得免驗證？ (1)依其他法律規定實施驗證者 (2)供國防軍事用途使用者 (3)輸入僅供科技研發之專用機型 (4)輸入僅供收藏使用之限量品。 (4)

26. ( ) 對於墜落危險之預防設施，下列敘述何者較為妥適？ (1)在外牆施工架等高處作業應盡量使用繫腰式安全帶 (2)安全帶應確實配掛在低於足下之堅固點 (3)高度 2m 以上之邊緣開口部分處應圍起警示帶 (4)高度 2m 以上之開口處應設護欄或安全網。 (4)

27. ( ) 下列對於感電電流流過人體的現象之敘述何者有誤？ (1)痛覺 (2)強烈痙攣 (3)血壓降低、呼吸急促、精神亢奮 (4)造成組織灼傷。 (3)

28. ( ) 下列何者非屬於容易發生墜落災害的作業場所？ (1)施工架 (2)廚房 (3)屋頂 (4)梯子、合梯。 (2)

29. ( ) 下列何者非屬危險物儲存場所應採取之火災爆炸預防措施？ (1)使用工業用電風扇 (2)裝設可燃性氣體偵測裝置 (3)使用防爆電氣設備 (4)標示「嚴禁煙火」。 (1)

30. ( ) 雇主於臨時用電設備加裝漏電斷路器，可減少下列何種災害發生？ (1)墜落 (2)物體倒塌、崩塌 (3)感電 (4)被撞。 (3)

31. ( ) 雇主要求確實管制人員不得進入吊舉物下方，可避免下列何種災害發生？ (1)感電 (2)墜落 (3)物體飛落 (4)缺氧。 (3)

32. ( ) 職業上危害因子所引起的勞工疾病，稱為何種疾病？ (1)職業疾病 (2)法定傳染病 (3)流行性疾病 (4)遺傳性疾病。 (1)

33. ( ) 事業招人承攬時，其承攬人就承攬部分負雇主之責任，原事業單位就職業災害補償部分之責任為何？ (1)視職業災害原因判定是否補償 (2)依工程性質決定責任 (3)依承攬契約決定責任 (4)仍應與承攬人負連帶責任。 (4)

34. ( ) 預防職業病最根本的措施為何？ (1)實施特殊健康檢查 (2)實施作業環境改善 (3)實施定期健康檢查 (4)實施僱用前體格檢查。 (2)

35. ( ) 在地下室作業,當通風換氣充分時,則不易發生一氧化碳中毒或缺氧危害,請問「通風換氣充分」係指下列何種描述? (1)
(1)風險控制方法 (2)發生機率 (3)危害源 (4)風險。

36. ( ) 勞工為節省時間,在未斷電情況下清理機臺,易發生危害為何? (1)
(1)捲夾感電 (2)缺氧 (3)墜落 (4)崩塌。

37. ( ) 工作場所化學性有害物進入人體最常見路徑為下列何者? (2)
(1)口腔 (2)呼吸道 (3)皮膚 (4)眼睛。

38. ( ) 活線作業勞工應佩戴何種防護手套? (3)
(1)棉紗手套 (2)耐熱手套 (3)絕緣手套 (4)防振手套。

39. ( ) 下列何者非屬電氣災害類型? (4)
(1)電弧灼傷 (2)電氣火災 (3)靜電危害 (4)雷電閃爍。

40. ( ) 下列何者非屬於工作場所作業會發生墜落災害的潛在危害因子? (3)
(1)開口未設置護欄 (2)未設置安全之上下設備 (3)未確實配戴耳罩 (4)屋頂開口下方未張掛安全網。

41. ( ) 在噪音防治之對策中,從下列哪一方面著手最為有效? (2)
(1)偵測儀器 (2)噪音源 (3)傳播途徑 (4)個人防護具。

42. ( ) 勞工於室外高氣溫作業環境工作,可能對身體產生之熱危害,以下何者非屬熱危害之症狀? (4)
(1)熱衰竭 (2)中暑 (3)熱痙攣 (4)痛風。

43. ( ) 以下何者是消除職業病發生率之源頭管理對策? (3)
(1)使用個人防護具 (2)健康檢查 (3)改善作業環境 (4)多運動。

44. ( ) 下列何者非為職業病預防之危害因子? (1)
(1)遺傳性疾病 (2)物理性危害 (3)人因工程危害 (4)化學性危害。

45. ( ) 依職業安全衛生設施規則規定,下列何者非屬使用合梯,應符合之規定? (3)
(1)合梯應具有堅固之構造 (2)合梯材質不得有顯著之損傷、腐蝕等 (3)梯腳與地面之角度應在 80 度以上 (4)有安全之防滑梯面。

46. ( ) 下列何者非屬勞工從事電氣工作安全之規定? (4)
(1)使其使用電工安全帽 (2)穿戴絕緣防護具 (3)停電作業應斷開、檢電、接地及掛牌 (4)穿戴棉質手套絕緣。

47. ( ) 為防止勞工感電,下列何者為非? (3)
(1)使用防水插頭 (2)避免不當延長接線 (3)設備有金屬外殼保護即可免裝漏電斷路器 (4)電線架高或加以防護。

48. ( ) 不當抬舉導致肌肉骨骼傷害或肌肉疲勞之現象,可稱之為下列何者? (2)
   (1)感電事件 (2)不當動作 (3)不安全環境 (4)被撞事件。

49. ( ) 使用鑽孔機時,不應使用下列何護具? (3)
   (1)耳塞 (2)防塵口罩 (3)棉紗手套 (4)護目鏡。

50. ( ) 腕道症候群常發生於下列何種作業? (1)
   (1)電腦鍵盤作業 (2)潛水作業 (3)堆高機作業 (4)第一種壓力容器作業。

51. ( ) 對於化學燒傷傷患的一般處理原則,下列何者正確? (1)
   (1)立即用大量清水沖洗 (2)傷患必須臥下,而且頭、胸部須高於身體其他部位
   (3)於燒傷處塗抹油膏、油脂或發酵粉 (4)使用酸鹼中和。

52. ( ) 下列何者非屬防止搬運事故之一般原則? (4)
   (1)以機械代替人力 (2)以機動車輛搬運 (3)採取適當之搬運方法 (4)儘量增加搬運距離。

53. ( ) 對於脊柱或頸部受傷患者,下列何者不是適當的處理原則? (3)
   (1)不輕易移動傷患 (2)速請醫師 (3)如無合用的器材,需2人作徒手搬運
   (4)向急救中心聯絡。

54. ( ) 防止噪音危害之治本對策為下列何者? (3)
   (1)使用耳塞、耳罩 (2)實施職業安全衛生教育訓練 (3)消除發生源 (4)實施特殊健康檢查。

55. ( ) 安全帽承受巨大外力衝擊後,雖外觀良好,應採下列何種處理方式? (1)
   (1)廢棄 (2)繼續使用 (3)送修 (4)油漆保護。

56. ( ) 因舉重而扭腰係由於身體動作不自然姿勢,動作之反彈,引起扭筋、扭腰及形成類似狀態造成職業災害,其災害類型為下列何者? (2)
   (1)不當狀態 (2)不當動作 (3)不當方針 (4)不當設備。

57. ( ) 下列有關工作場所安全衛生之敘述何者有誤? (3)
   (1)對於勞工從事其身體或衣著有被污染之虞之特殊作業時,應備置該勞工洗眼、洗澡、漱口、更衣、洗濯等設備 (2)事業單位應備置足夠急救藥品及器材 (3)事業單位應備置足夠的零食自動販賣機 (4)勞工應定期接受健康檢查。

58. ( ) 毒性物質進入人體的途徑,經由那個途徑影響人體健康最快且中毒效應最高? (2)
   (1)吸入 (2)食入 (3)皮膚接觸 (4)手指觸摸。

59. ( ) 安全門或緊急出口平時應維持何狀態? (3)
   (1)門可上鎖但不可封死 (2)保持開門狀態以保持逃生路徑暢通 (3)門應關上但不可上鎖 (4)與一般進出門相同,視各樓層規定可開可關。

60. ( ) 下列何種防護具較能消減噪音對聽力的危害? (3)
   (1)棉花球 (2)耳塞 (3)耳罩 (4)碎布球。

61. ( ) 勞工若面臨長期工作負荷壓力及工作疲勞累積，沒有獲得適當休息及充足睡眠，便可能影響體能及精神狀態，甚而較易促發下列何種疾病？
(1)皮膚癌 (2)腦心血管疾病 (3)多發性神經病變 (4)肺水腫。 (2)

62. ( )「勞工腦心血管疾病發病的風險與年齡、吸菸、總膽固醇數值、家族病史、生活型態、心臟方面疾病」之相關性為何？
(1)無 (2)正 (3)負 (4)可正可負。 (2)

63. ( ) 下列何者不屬於職場暴力？
(1)肢體暴力 (2)語言暴力 (3)家庭暴力 (4)性騷擾。 (3)

64. ( ) 職場內部常見之身體或精神不法侵害不包含下列何者？
(1)脅迫、名譽損毀、侮辱、嚴重辱罵勞工 (2)強求勞工執行業務上明顯不必要或不可能之工作 (3)過度介入勞工私人事宜 (4)使勞工執行與能力、經驗相符的工作。 (4)

65. ( ) 下列何種措施較可避免工作單調重複或負荷過重？
(1)連續夜班 (2)工時過長 (3)排班保有規律性 (4)經常性加班。 (3)

66. ( ) 減輕皮膚燒傷程度之最重要步驟為何？
(1)儘速用清水沖洗 (2)立即刺破水泡 (3)立即在燒傷處塗抹油脂 (4)在燒傷處塗抹麵粉。 (1)

67. ( ) 眼內噴入化學物或其他異物，應立即使用下列何者沖洗眼睛？
(1)牛奶 (2)蘇打水 (3)清水 (4)稀釋的醋。 (3)

68. ( ) 石綿最可能引起下列何種疾病？
(1)白指症 (2)心臟病 (3)間皮細胞瘤 (4)巴金森氏症。 (3)

69. ( ) 作業場所高頻率噪音較易導致下列何種症狀？
(1)失眠 (2)聽力損失 (3)肺部疾病 (4)腕道症候群。 (2)

70. ( ) 廚房設置之排油煙機為下列何者？
(1)整體換氣裝置 (2)局部排氣裝置 (3)吹吸型換氣裝置 (4)排氣煙囪。 (2)

71. ( ) 下列何者為選用防塵口罩時，最不重要之考量因素？
(1)捕集效率愈高愈好 (2)吸氣阻抗愈低愈好 (3)重量愈輕愈好 (4)視野愈小愈好。 (4)

72. ( ) 若勞工工作性質需與陌生人接觸、工作中需處理不可預期的突發事件或工作場所治安狀況較差，較容易遭遇下列何種危害？
(1)組織內部不法侵害 (2)組織外部不法侵害 (3)多發性神經病變 (4)潛涵症。 (2)

73. ( ) 以下何者不是發生電氣火災的主要原因？
(1)電器接點短路 (2)電氣火花 (3)電纜線置於地上 (4)漏電。 (3)

74. ( ) 依勞工職業災害保險及保護法規定,職業災害保險之保險效力,自何時開始起算,至離職當日停止? (2)
(1)通知當日 (2)到職當日 (3)雇主訂定當日 (4)勞雇雙方合意之日。

75. ( ) 依勞工職業災害保險及保護法規定,勞工職業災害保險以下列何者為保險人,辦理保險業務? (4)
(1)財團法人職業災害預防及重建中心 (2)勞動部職業安全衛生署 (3)勞動部勞動基金運用局 (4)勞動部勞工保險局。

76. ( ) 以下關於「童工」之敘述,何者正確? (1)
(1)每日工作時間不得超過 8 小時 (2)不得於午後 10 時至翌晨 6 時之時間內工作 (3)例假日得在監視下工作 (4)工資不得低於基本工資之 70%。

77. ( ) 依勞動檢查法施行細則規定,事業單位如不服勞動檢查結果,可於檢查結果通知書送達之次日起 10 日內,以書面敘明理由向勞動檢查機構提出? (4)
(1)訴願 (2)陳情 (3)抗議 (4)異議。

78. ( ) 工作者若因雇主違反職業安全衛生法規定而發生職業災害、疑似罹患職業病或身體、精神遭受不法侵害所提起之訴訟,得向勞動部委託之民間團體提出下列何者? (2)
(1)災害理賠 (2)申請扶助 (3)精神補償 (4)國家賠償。

79. ( ) 計算平日加班費須按平日每小時工資額加給計算,下列敘述何者有誤? (4)
(1)前 2 小時至少加給 1/3 倍 (2)超過 2 小時部分至少加給 2/3 倍 (3)經勞資協商同意後,一律加給 0.5 倍 (4)未經雇主同意給加班費者,一律補休。

80. ( ) 下列工作場所何者非屬勞動檢查法所定之危險性工作場所? (2)
(1)農藥製造 (2)金屬表面處理 (3)火藥類製造 (4)從事石油裂解之石化工業之工作場所。

81. ( ) 有關電氣安全,下列敘述何者錯誤? (1)
(1)110 伏特之電壓不致造成人員死亡 (2)電氣室應禁止非工作人員進入 (3)不可以濕手操作電氣開關,且切斷開關應迅速 (4)220 伏特為低壓電。

82. ( ) 依職業安全衛生設施規則規定,下列何者非屬於車輛系營建機械? (2)
(1)平土機 (2)堆高機 (3)推土機 (4)鏟土機。

83. ( ) 下列何者非為事業單位勞動場所發生職業災害者,雇主應於 8 小時內通報勞動檢查機構? (2)
(1)發生死亡災害 (2)勞工受傷無須住院治療 (3)發生災害之罹災人數在 3 人以上 (4)發生災害之罹災人數在 1 人以上,且需住院治療。

84. ( ) 依職業安全衛生管理辦法規定,下列何者非屬「自動檢查」之內容? (4)
(1)機械之定期檢查 (2)機械、設備之重點檢查 (3)機械、設備之作業檢點 (4)勞工健康檢查。

85. ( ) 下列何者係針對於機械操作點的捲夾危害特性可以採用之防護裝置？ (1)
    (1)設置護圍、護罩 (2)穿戴棉紗手套 (3)穿戴防護衣 (4)強化教育訓練。

86. ( ) 下列何者非屬從事起重吊掛作業導致物體飛落災害之可能原因？ (4)
    (1)吊鉤未設防滑舌片致吊掛鋼索鬆脫 (2)鋼索斷裂 (3)超過額定荷重作業
    (4)過捲揚警報裝置過度靈敏。

87. ( ) 勞工不遵守安全衛生工作守則規定，屬於下列何者？ (2)
    (1)不安全設備 (2)不安全行為 (3)不安全環境 (4)管理缺陷。

88. ( ) 下列何者不屬於局限空間內作業場所應採取之缺氧、中毒等危害預防措施？ (3)
    (1)實施通風換氣 (2)進入作業許可程序 (3)使用柴油內燃機發電提供照明
    (4)測定氧氣、危險物、有害物濃度。

89. ( ) 下列何者非通風換氣之目的？ (1)
    (1)防止游離輻射 (2)防止火災爆炸 (3)稀釋空氣中有害物 (4)補充新鮮空氣。

90. ( ) 已在職之勞工，首次從事特別危害健康作業，應實施下列何種檢查？ (2)
    (1)一般體格檢查 (2)特殊體格檢查 (3)一般體格檢查及特殊健康檢查 (4)特殊健康檢查。

91. ( ) 依職業安全衛生設施規則規定，噪音超過多少分貝之工作場所，應標示並公告噪音危害之預防事項，使勞工周知？ (4)
    (1)75 (2)80 (3)85 (4)90。

92. ( ) 下列何者非屬工作安全分析的目的？ (3)
    (1)發現並杜絕工作危害 (2)確立工作安全所需工具與設備 (3)懲罰犯錯的員工
    (4)作為員工在職訓練的參考。

93. ( ) 可能對勞工之心理或精神狀況造成負面影響的狀態，如異常工作壓力、超時工作、語言脅迫或恐嚇等，可歸屬於下列何者管理不當？ (3)
    (1)職業安全 (2)職業衛生 (3)職業健康 (4)環保。

94. ( ) 有流產病史之孕婦，宜避免相關作業，下列何者為非？ (3)
    (1)避免砷或鉛的暴露 (2)避免每班站立7小時以上之作業 (3)避免提舉3公斤重物的職務 (4)避免重體力勞動的職務。

95. ( ) 熱中暑時，易發生下列何現象？ (3)
    (1)體溫下降 (2)體溫正常 (3)體溫上升 (4)體溫忽高忽低。

96. ( ) 下列何者不會使電路發生過電流？ (4)
    (1)電氣設備過載 (2)電路短路 (3)電路漏電 (4)電路斷路。

97. ( ) 下列何者較屬安全、尊嚴的職場組織文化？ (4)
    (1)不斷責備勞工 (2)公開在眾人面前長時間責罵勞工 (3)強求勞工執行業務上明顯不必要或不可能之工作 (4)不過度介入勞工私人事宜。

98. ( ) 下列何者與職場母性健康保護較不相關？ (4)
(1)職業安全衛生法 (2)妊娠與分娩後女性及未滿十八歲勞工禁止從事危險性或有害性工作認定標準 (3)性別平等工作法 (4)動力堆高機型式驗證。

99. ( ) 油漆塗裝工程應注意防火防爆事項，以下何者為非？ (3)
(1)確實通風 (2)注意電氣火花 (3)緊密門窗以減少溶劑擴散揮發 (4)嚴禁煙火。

100. ( ) 依職業安全衛生設施規則規定，雇主對於物料儲存，為防止氣候變化或自然發火發生危險者，下列何者為最佳之採取措施？ (3)
(1)保持自然通風 (2)密閉 (3)與外界隔離及溫濕控制 (4)靜置於倉儲區，避免陽光直射。

90007 工作倫理與職業道德共同科目

不分級 工作項目 01：工作倫理與職業道德

單選題

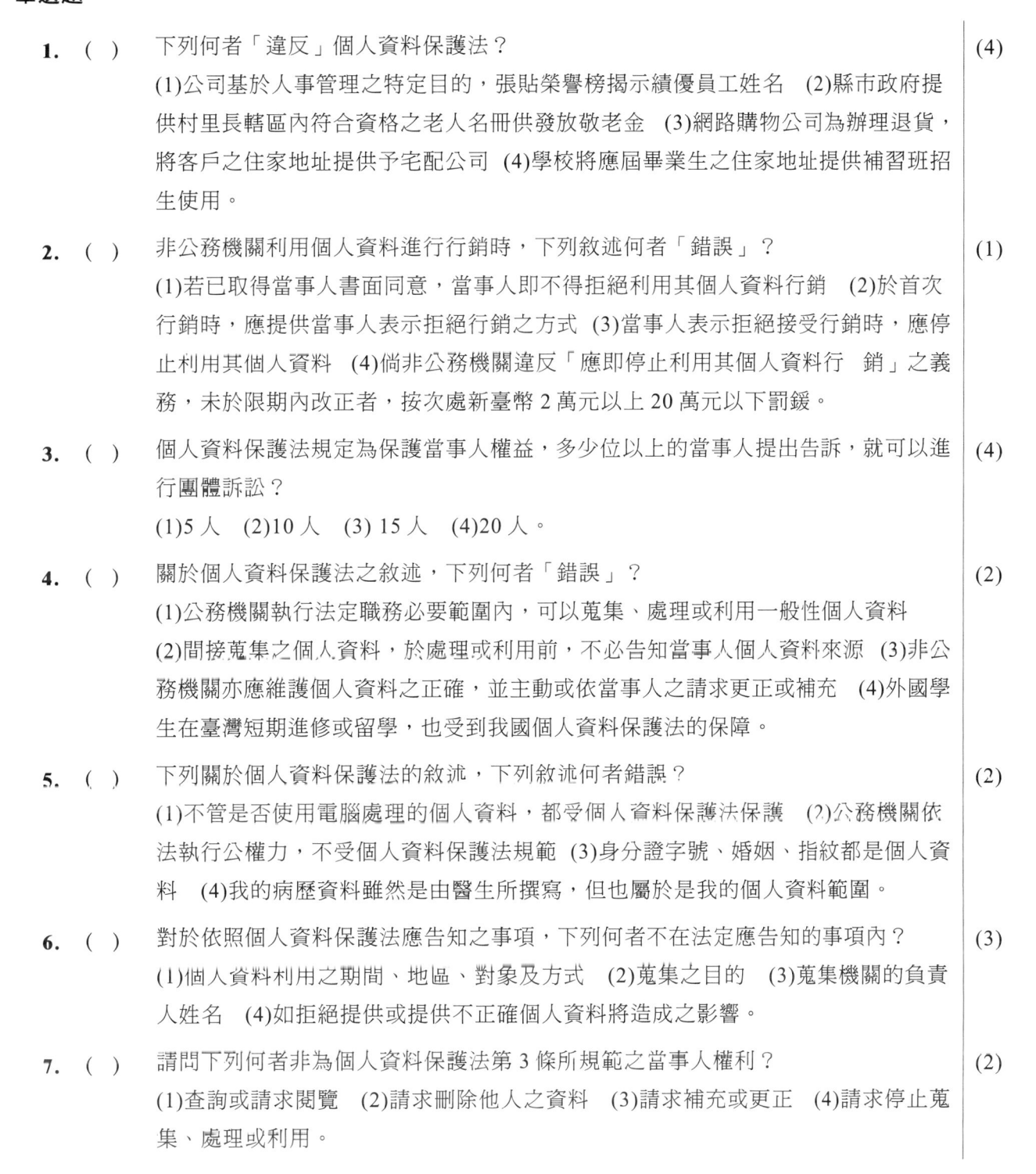

1. ( ) 下列何者「違反」個人資料保護法？
   (1)公司基於人事管理之特定目的，張貼榮譽榜揭示績優員工姓名　(2)縣市政府提供村里長轄區內符合資格之老人名冊供發放敬老金　(3)網路購物公司為辦理退貨，將客戶之住家地址提供予宅配公司　(4)學校將應屆畢業生之住家地址提供補習班招生使用。　(4)

2. ( ) 非公務機關利用個人資料進行行銷時，下列敘述何者「錯誤」？
   (1)若已取得當事人書面同意，當事人即不得拒絕利用其個人資料行銷　(2)於首次行銷時，應提供當事人表示拒絕行銷之方式　(3)當事人表示拒絕接受行銷時，應停止利用其個人資料　(4)倘非公務機關違反「應即停止利用其個人資料行銷」之義務，未於限期內改正者，按次處新臺幣 2 萬元以上 20 萬元以下罰鍰。　(1)

3. ( ) 個人資料保護法規定為保護當事人權益，多少位以上的當事人提出告訴，就可以進行團體訴訟？
   (1)5 人　(2)10 人　(3) 15 人　(4)20 人。　(4)

4. ( ) 關於個人資料保護法之敘述，下列何者「錯誤」？
   (1)公務機關執行法定職務必要範圍內，可以蒐集、處理或利用一般性個人資料
   (2)間接蒐集之個人資料，於處理或利用前，不必告知當事人個人資料來源　(3)非公務機關亦應維護個人資料之正確，並主動或依當事人之請求更正或補充　(4)外國學生在臺灣短期進修或留學，也受到我國個人資料保護法的保障。　(2)

5. ( ) 下列關於個人資料保護法的敘述，下列敘述何者錯誤？
   (1)不管是否使用電腦處理的個人資料，都受個人資料保護法保護　(2)公務機關依法執行公權力，不受個人資料保護法規範　(3)身分證字號、婚姻、指紋都是個人資料　(4)我的病歷資料雖然是由醫生所撰寫，但也屬於是我的個人資料範圍。　(2)

6. ( ) 對於依照個人資料保護法應告知之事項，下列何者不在法定應告知的事項內？
   (1)個人資料利用之期間、地區、對象及方式　(2)蒐集之目的　(3)蒐集機關的負責人姓名　(4)如拒絕提供或提供不正確個人資料將造成之影響。　(3)

7. ( ) 請問下列何者非為個人資料保護法第 3 條所規範之當事人權利？
   (1)查詢或請求閱覽　(2)請求刪除他人之資料　(3)請求補充或更正　(4)請求停止蒐集、處理或利用。　(2)

8. ( ) 下列何者非安全使用電腦內的個人資料檔案的做法？ (4)
(1)利用帳號與密碼登入機制來管理可以存取個資者的人 (2)規範不同人員可讀取的個人資料檔案範圍 (3)個人資料檔案使用完畢後立即退出應用程式，不得留置於電腦中 (4)為確保重要的個人資料可即時取得，將登入密碼標示在螢幕下方。

9. ( ) 下列何者行為非屬個人資料保護法所稱之國際傳輸？ (1)
(1) 將個人資料傳送給地方政府 (2)將個人資料傳送給美國的分公司 (3)將個人資料傳送給法國的人事部門 (4)將個人資料傳送給日本的委託公司。

10. ( ) 下列有關智慧財產權行為之敘述，何者有誤？ (1)
(1) 製造、販售仿冒註冊商標的商品雖已侵害商標權，但不屬於公訴罪之範疇
(2)以101大樓、美麗華百貨公司做為拍攝電影的背景，屬於合理使用的範圍
(3)原作者自行創作某音樂作品後，即可宣稱擁有該作品之著作權 (4)著作權是為促進文化發展為目的，所保護的財產權之一。

11. ( ) 專利權又可區分為發明、新型與設計三種專利權，其中發明專利權是否有保護期限？期限為何？ (2)
(1)有，5年 (2)有，20年 (3)有，50年 (4)無期限，只要申請後就永久歸申請人所有。

12. ( ) 受僱人於職務上所完成之著作，如果沒有特別以契約約定，其著作人為下列何者？ (2)
(1)雇用人 (2)受僱人 (3)雇用公司或機關法人代表 (4)由雇用人指定之自然人或法人。

13. ( ) 任職於某公司的程式設計工程師，因職務所編寫之電腦程式，如果沒有特別以契約約定，則該電腦程式之著作財產權歸屬下列何者？ (1)
(1)公司 (2)編寫程式之工程師 (3)公司全體股東共有 (4)公司與編寫程式之工程師共有。

14. ( ) 某公司員工因執行業務，擅自以重製之方法侵害他人之著作財產權，若被害人提起告訴，下列對於處罰對象的敘述，何者正確？ (3)
(1)僅處罰侵犯他人著作財產權之員工 (2)僅處罰雇用該名員工的公司 (3)該名員工及其雇主皆須受罰 (4)員工只要在從事侵犯他人著作財產權之行為前請示雇主並獲同意，便可以不受處罰。

15. ( ) 受僱人於職務上所完成之發明、新型或設計，其專利申請權及專利權如未特別約定屬於下列何者？ (1)
(1)雇用人 (2)受僱人 (3)雇用人所指定之自然人或法人 (4)雇用人與受僱人共有。

16. ( ) 任職大發公司的郝聰明，專門從事技術研發，有關研發技術的專利申請權及專利權歸屬，下列敘述何者錯誤？ (4)
(1)職務上所完成的發明，除契約另有約定外，專利申請權及專利權屬於大發公司
(2)職務上所完成的發明，雖然專利申請權及專利權屬於大發公司，但是郝聰明享有姓名表示權 (3)郝聰明完成非職務上的發明，應即以書面通知大發公司 (4)大發公司與郝聰明之僱傭契約約定，郝聰明非職務上的發明，全部屬於公司，約定有效。

17. ( ) 有關著作權的下列敘述何者不正確？ (3)
(1)我們到表演場所觀看表演時，不可隨便錄音或錄影 (2)到攝影展上，拿相機拍攝展示的作品，分贈給朋友，是侵害著作權的行為 (3)網路上供人下載的免費軟體，都不受著作權法保護，所以我可以燒成大補帖光碟，再去賣給別人 (4)高普考試題，不受著作權法保護。

18. ( ) 有關著作權的下列敘述何者錯誤？ (3)
(1)撰寫碩博士論文時，在合理範圍內引用他人的著作，只要註明出處，不會構成侵害著作權 (2)在網路散布盜版光碟，不管有沒有營利，會構成侵害著作權 (3)在網路的部落格看到一篇文章很棒，只要註明出處，就可以把文章複製在自己的部落格 (4)將補習班老師的上課內容錄音檔，放到網路上拍賣，會構成侵害著作權。

19. ( ) 有關商標權的下列敘述何者錯誤？ (4)
(1)要取得商標權一定要申請商標註冊 (2)商標註冊後可取得 10 年商標權 (3)商標註冊後，3 年不使用，會被廢止商標權 (4)在夜市買的仿冒品，品質不好，上網拍賣，不會構成侵權。

20. ( ) 下列關於營業秘密的敘述，何者不正確？ (1)
(1)受雇人於非職務上研究或開發之營業秘密，仍歸雇用人所有 (2)營業秘密不得為質權及強制執行之標的 (3)營業秘密所有人得授權他人使用其營業秘密 (4)營業秘密得全部或部分讓與他人或與他人共有。

21. ( ) 甲公司將其新開發受營業秘密法保護之技術，授權乙公司使用，下列何者不得為之？ (1)
(1)乙公司已獲授權，所以可以未經甲公司同意，再授權丙公司使用 (2)約定授權使用限於一定之地域、時間 (3)約定授權使用限於特定之內容、一定之使用方法 (4)要求被授權人乙公司在一定期間負有保密義務。

22. ( ) 甲公司嚴格保密之最新配方產品大賣，下列何者侵害甲公司之營業秘密？ (3)
(1)鑑定人 A 因司法審理而知悉配方 (2)甲公司授權乙公司使用其配方 (3)甲公司之 B 員工擅自將配方盜賣給乙公司 (4)甲公司與乙公司協議共有配方。

23. ( ) 故意侵害他人之營業秘密，法院因被害人之請求，最高得酌定損害額幾倍之賠償？ (3)
(1)1 倍 (2)2 倍 (3)3 倍 (4)4 倍。

24. ( ) 受雇者因承辦業務而知悉營業秘密，在離職後對於該營業秘密的處理方式，下列敘述何者正確？ (4)
(1)聘雇關係解除後便不再負有保障營業秘密之責 (2)僅能自用而不得販售獲取利益 (3)自離職日起 3 年後便不再負有保障營業秘密之責 (4)離職後仍不得洩漏該營業秘密。

25. ( ) 按照現行法律規定，侵害他人營業秘密，其法律責任為： (3)
(1)僅需負刑事責任 (2)僅需負民事損害賠償責任 (3)刑事責任與民事損害賠償責任皆須負擔 (4)刑事責任與民事損害賠償責任皆不須負擔。

26. ( ) 企業內部之營業秘密,可以概分為「商業性營業秘密」及「技術性營業秘密」二大類型,請問下列何者屬於「技術性營業秘密」?
(1)人事管理 (2)經銷據點 (3)產品配方 (4)客戶名單。 (3)

27. ( ) 某離職同事請求在職員工將離職前所製作之某份文件傳送給他,請問下列回應方式何者正確?
(1)由於該項文件係由該離職員工製作,因此可以傳送文件 (2)若其目的僅為保留檔案備份,便可以傳送文件 (3)可能構成對於營業秘密之侵害,應予拒絕並請他直接向公司提出請求 (4)視彼此交情決定是否傳送文件。 (3)

28. ( ) 行為人以竊取等不正當方法取得營業秘密,下列敘述何者正確?
(1)已構成犯罪 (2)只要後續沒有洩漏便不構成犯罪 (3)只要後續沒有出現使用之行為便不構成犯罪 (4)只要後續沒有造成所有人之損害便不構成犯罪。 (1)

29. ( ) 針對在我國境內竊取營業秘密後,意圖在外國、中國大陸或港澳地區使用者,營業秘密法是否可以適用?
(1)無法適用 (2)可以適用,但若屬未遂犯則不罰 (3)可以適用並加重其刑 (4)能否適用需視該國家或地區與我國是否簽訂相互保護營業秘密之條約或協定。 (3)

30. ( ) 所謂營業秘密,係指方法、技術、製程、配方、程式、設計或其他可用於生產、銷售或經營之資訊,但其保障所需符合的要件不包括下列何者?
(1)因其秘密性而具有實際之經濟價值者 (2)所有人已採取合理之保密措施者
(3)因其秘密性而具有潛在之經濟價值者 (4)一般涉及該類資訊之人所知者。 (4)

31. ( ) 因故意或過失而不法侵害他人之營業秘密者,負損害賠償責任該損害賠償之請求權,自請求權人知有行為及賠償義務人時起,幾年間不行使就會消滅?
(1)2年 (2)5年 (3)7年 (4)10年。 (1)

32. ( ) 公司負責人為了要節省開銷,將員工薪資以高報低來投保全民健保及勞保,是觸犯了刑法上之何種罪刑?
(1)詐欺罪 (2)侵占罪 (3)背信罪 (4)工商秘密罪。 (1)

33. ( ) A 受僱於公司擔任會計,因自己的財務陷入危機,多次將公司帳款轉入妻兒戶頭,是觸犯了刑法上之何種罪刑?
(1)洩漏工商秘密罪 (2)侵占罪 (3)詐欺罪 (4)偽造文書罪。 (2)

34. ( ) 某甲於公司擔任業務經理時,未依規定經董事會同意,私自與自己親友之公司訂定生意合約,會觸犯下列何種罪刑?
(1)侵占罪 (2)貪污罪 (3)背信罪 (4)詐欺罪。 (3)

35. ( ) 如果你擔任公司採購的職務,親朋好友們會向你推銷自家的產品,希望你要採購時,你應該
(1)適時地婉拒,說明利益需要迴避的考量,請他們見諒 (2)既然是親朋好友,就應該互相幫忙 (3)建議親朋好友將產品折扣,折扣部分歸於自己,就會採購 (4)可以暗中地幫忙親朋好友,進行採購,不要被發現有親友關係便可。 (1)

36. ( ) 小美是公司的業務經理,有一天巧遇國中同班的死黨小林,發現他是公司的下游廠商老闆。最近小美處理一件公司的招標案件,小林的公司也在其中,私下約小美見面,請求她提供這次招標案的底標,並馬上要給予幾十萬元的前謝金,請問小美該怎麼辦? (3)
(1)退回錢,並告訴小林都是老朋友,一定會全力幫忙 (2)收下錢,將錢拿出來給單位同事們分紅 (3)應該堅決拒絕,並避免每次見面都與小林談論相關業務問題 (4)朋友一場,給他一個比較接近底標的金額,反正又不是正確的,所以沒關係。

37. ( ) 公司發給每人一台平板電腦提供業務上使用,但是發現根本很少在使用,為了讓它有效的利用,所以將它拿回家給親人使用,這樣的行為是 (3)
(1)可以的,這樣就不用花錢買 (2)可以的,反正放在那裡不用它,也是浪費資源 (3)不可以的,因為這是公司的財產,不能私用 (4)不可以的,因為使用年限未到,如果年限到報廢了,便可以拿回家。

38. ( ) 公司的車子,假日又沒人使用,你是鑰匙保管者,請問假日可以開出去嗎? (3)
(1)可以,只要付費加油即可 (2)可以,反正假日不影響公務 (3)不可以,因為是公司的,並非私人擁有 (4)不可以,應該是讓公司想要使用的員工,輪流使用才可。

39. ( ) 阿哲是財經線的新聞記者,某次採訪中得知 A 公司在一個月內將有一個大的併購案,這個併購案顯示公司的財力,且能讓 A 公司股價往上飆升。請問阿哲得知此消息後,可以立刻購買該公司的股票嗎? (4)
(1)可以,有錢大家賺 (2)可以,這是我努力獲得的消息 (3)可以,不賺白不賺 (4)不可以,屬於內線消息,必須保持記者之操守,不得洩漏。

40. ( ) 與公務機關接洽業務時,下列敘述何者「正確」? (4)
(1)沒有要求公務員違背職務,花錢疏通而已,並不違法 (2)唆使公務機關承辦採購人員配合浮報價額,僅屬偽造文書行為 (3)口頭允諾行賄金額但還沒送錢,尚不構成犯罪 (4)與公務員同謀之共犯,即便不具公務員身分,仍可依據貪污治罪條例處刑。

41. ( ) 與公務機關有業務往來構成職務利害關係者,下列敘述何者「正確」? (1)
(1)將餽贈之財物請公務員父母代轉,該公務員亦已違反規定 (2)與公務機關承辦人飲宴應酬為增進基本關係的必要方法 (3)高級茶葉低價售予有利害關係之承辦公務員,有價購行為就不算違反法規 (4)機關公務員藉子女婚宴廣邀業務往來廠商之行為,並無不妥。

42. ( ) 廠商某甲承攬公共工程,工程進行期間,甲與其工程人員經常招待該公共工程委辦機關之監工及驗收之公務員喝花酒或招待出國旅遊,下列敘述何者正確? (4)
(1)公務員若沒有收現金,就沒有罪 (2)只要工程沒有問題,某甲與監工及驗收等相關公務員就沒有犯罪 (3)因為不是送錢,所以都沒有犯罪 (4)某甲與相關公務員均已涉嫌觸犯貪污治罪條例。

43. ( ) 行（受）賄罪成立要素之一為具有對價關係，而作為公務員職務之對價有「賄賂」或「不正利益」，下列何者「不」屬於「賄賂」或「不正利益」？
(1)開工邀請公務員觀禮　(2)送百貨公司大額禮券　(3)免除債務　(4)招待吃米其林等級之高檔大餐。　(1)

44. ( ) 下列有關貪腐的敘述何者錯誤？
(1)貪腐會危害永續發展和法治　(2)貪腐會破壞民主體制及價值觀　(3)貪腐會破壞倫理道德與正義　(4)貪腐有助降低企業的經營成本。　(4)

45. ( ) 下列何者不是設置反貪腐專責機構須具備的必要條件？
(1)賦予該機構必要的獨立性　(2)使該機構的工作人員行使職權不會受到不當干預　(3)提供該機構必要的資源、專職工作人員及必要培訓　(4)賦予該機構的工作人員有權力可隨時逮捕貪污嫌疑人。　(4)

46. ( ) 檢舉人向有偵查權機關或政風機構檢舉貪污瀆職，必須於何時為之始可能給與獎金？
(1)犯罪未起訴前　(2)犯罪未發覺前　(3)犯罪未遂前　(4)預備犯罪前。　(2)

47. ( ) 檢舉人應以何種方式檢舉貪污瀆職始能核給獎金？
(1)匿名　(2)委託他人檢舉　(3)以真實姓名檢舉　(4)以他人名義檢舉。　(3)

48. ( ) 我國制定何種法律以保護刑事案件之證人，使其勇於出面作證，俾利犯罪之偵查、審判？
(1)貪污治罪條例　(2)刑事訴訟法　(3)行政程序法　(4)證人保護法。　(4)

49. ( ) 下列何者「非」屬公司對於企業社會責任實踐之原則？
(1)加強個人資料揭露　(2)維護社會公益　(3)發展永續環境　(4)落實公司治理。　(1)

50. ( ) 下列何者「不」屬於職業素養的範疇？
(1)增進自我獲利的能力　(2)正確的職業價值觀　(3)積極進取職業的知識技能　(4)具備良好的職業行為習慣。　(1)

51. ( ) 下列何者符合專業人員的職業道德？
(1)未經雇主同意，於上班時間從事私人事務　(2)利用雇主的機具設備私自接單生產　(3)未經顧客同意，任意散佈或利用顧客資料　(4)盡力維護雇主及客戶的權益。　(4)

52. ( ) 身為公司員工必須維護公司利益，下列何者是正確的工作態度或行為？
(1)將公司逾期的產品更改標籤　(2)施工時以省時、省料為獲利首要考量，不顧品質　(3)服務時優先考量公司的利益，顧客權益次之　(4)工作時謹守本分，以積極態度解決問題。　(4)

53. ( ) 身為專業技術工作人士，應以何種認知及態度服務客戶？
(1)若客戶不瞭解，就儘量減少成本支出，抬高報價　(2)遇到維修問題，儘量拖過保固期　(3)主動告知可能碰到問題及預防方法　(4)隨著個人心情來提供服務的內容及品質。　(3)

54. ( ) 因為工作本身需要高度專業技術及知識，所以在對客戶服務時應如何？ (2)
    (1)不用理會顧客的意見 (2)保持親切、真誠、客戶至上的態度 (3)若價錢較低，就敷衍了事 (4)以專業機密為由，不用對客戶說明及解釋。

55. ( ) 從事專業性工作，在與客戶約定時間應 (2)
    (1)保持彈性，任意調整 (2)儘可能準時，依約定時間完成工作 (3)能拖就拖，能改就改 (4)自己方便就好，不必理會客戶的要求。

56. ( ) 從事專業性工作，在服務顧客時應有的態度為何？ (1)
    (1)選擇最安全、經濟及有效的方法完成工作 (2)選擇工時較長、獲利較多的方法服務客戶 (3)為了降低成本，可以降低安全標準 (4)不必顧及雇主和顧客的立場。

57. ( ) 以下那一項員工的作為符合敬業精神？ (4)
    (1)利用正常工作時間從事私人事務 (2)運用雇主的資源，從事個人工作 (3)未經雇主同意擅離工作崗位 (4)謹守職場紀律及禮節，尊重客戶隱私。

58. ( ) 小張獲選為小孩學校的家長會長，這個月要召開會議，沒時間準備資料，所以，利用上班期間有空檔非休息時間來完成，請問是否可以？ (3)
    (1)可以，因為不耽誤他的工作 (2)可以，因為他能力好，能夠同時完成很多事 (3)不可以，因為這是私事，不可以利用上班時間完成 (4)可以，只要不要被發現。

59. ( ) 小吳是公司的專用司機，為了能夠隨時用車，經過公司同意，每晚都將公司的車開回家，然而，他發現反正每天上班路線，都要經過女兒學校，就順便載女兒上學，請問可以嗎？ (2)
    (1)可以，反正順路 (2)不可以，這是公司的車不能私用 (3)可以，只要不被公司發現即可 (4)可以，要資源須有效使用。

60. ( ) 彥江是職場上的新鮮人，剛進公司不久，他應該具備怎樣的態度？ (4)
    (1)上班、下班，管好自己便可 (2)仔細觀察公司生態，加入某些小團體，以做為後盾 (3)只要做好人脈關係，這樣以後就好辦事 (4)努力做好自己職掌的業務，樂於工作，與同事之間有良好的互動，相互協助。

61. ( ) 在公司內部行使商務禮儀的過程，主要以參與者在公司中的何種條件來訂定順序？ (4)
    (1)年齡 (2)性別 (3)社會地位 (4)職位。

62. ( ) 一位職場新鮮人剛進公司時，良好的工作態度是 (1)
    (1)多觀察、多學習，了解企業文化和價值觀 (2)多打聽哪一個部門比較輕鬆，升遷機會較多 (3)多探聽哪一個公司在找人，隨時準備跳槽走人 (4)多遊走各部門認識同事，建立自己的小圈圈。

63. ( ) 根據消除對婦女一切形式歧視公約（CEDAW），下列何者正確？ (1)
    (1)對婦女的歧視指基於性別而作的任何區別、排斥或限制 (2)只關心女性在政治方面的人權和基本自由 (3)未要求政府需消除個人或企業對女性的歧視 (4)傳統習俗應予保護及傳承，即使含有歧視女性的部分，也不可以改變。

64. ( ) 某規範明定地政機關進用女性測量助理名額，不得超過該機關測量助理名額總數二分之一，根據消除對婦女一切形式歧視公約（CEDAW），下列何者正確？ (1)限制女性測量助理人數比例，屬於直接歧視 (2)土地測量經常在戶外工作，基於保護女性所作的限制，不屬性別歧視 (3)此項二分之一規定是為促進男女比例平衡 (4)此限制是為確保機關業務順暢推動，並未歧視女性。 (1)

65. ( ) 根據消除對婦女一切形式歧視公約（CEDAW）之間接歧視意涵，下列何者錯誤？ (1)一項法律、政策、方案或措施表面上對男性和女性無任何歧視，但實際上卻產生歧視女性的效果 (2)察覺間接歧視的一個方法，是善加利用性別統計與性別分析 (3)如果未正視歧視之結構和歷史模式，及忽略男女權力關係之不平等，可能使現有不平等狀況更為惡化 (4)不論在任何情況下，只要以相同方式對待男性和女性，就能避免間接歧視之產生。 (4)

66. ( ) 下列何者「不是」菸害防制法之立法目的？
(1)防制菸害 (2)保護未成年免於菸害 (3)保護孕婦免於菸害 (4)促進菸品的使用。 (4)

67. ( ) 按菸害防制法規定，對於在禁菸場所吸菸會被罰多少錢？
(1)新臺幣2千元至1萬元罰鍰 (2)新臺幣1千元至5千元罰鍰 (3)新臺幣1萬元至5萬元罰鍰 (4)新臺幣2萬元至10萬元罰鍰。 (1)

68. ( ) 請問下列何者「不是」個人資料保護法所定義的個人資料？
(1)身分證號碼 (2)最高學歷 (3)職稱 (4)護照號碼。 (3)

69. ( ) 有關專利權的敘述，何者正確？
(1)專利有規定保護年限，當某商品、技術的專利保護年限屆滿，任何人皆可免費運用該項專利 (2)我發明了某項商品，卻被他人率先申請專利權，我仍可主張擁有這項商品的專利權 (3)製造方法可以申請新型專利權 (4)在本國申請專利之商品進軍國外，不需向他國申請專利權。 (1)

70. ( ) 下列何者行為會有侵害著作權的問題？
(1)將報導事件事實的新聞文字轉貼於自己的社群網站 (2)直接轉貼高普考考古題在 FACEBOOK (3)以分享網址的方式轉貼資訊分享於社群網站 (4)將講師的授課內容錄音，複製多份分贈友人。 (4)

71. ( ) 下列有關著作權之概念，何者正確？
(1)國外學者之著作，可受我國著作權法的保護 (2)公務機關所函頒之公文，受我國著作權法的保護 (3)著作權要待向智慧財產權申請通過後才可主張 (4)以傳達事實之新聞報導的語文著作，依然受著作權之保障。 (1)

72. ( ) 某廠商之商標在我國已經獲准註冊，請問若希望將商品行銷販賣到國外，請問是否需在當地申請註冊才能主張商標權？
(1)是，因為商標權註冊採取屬地保護原則 (2)否，因為我國申請註冊之商標權在國外也會受到承認 (3)不一定，需視我國是否與商品希望行銷販賣的國家訂有相互商標承認之協定 (4)不一定，需視商品希望行銷販賣的國家是否為 WTO 會員國。 (1)

73. ( ) 下列何者「非」屬於營業秘密？ (1)
(1)具廣告性質的不動產交易底價 (2)須授權取得之產品設計或開發流程圖示
(3)公司內部管制的各種計畫方案 (4)不是公開可查知的客戶名單分析資料。

74. ( ) 營業秘密可分為「技術機密」與「商業機密」，下列何者屬於「商業機密」？ (3)
(1)程式 (2)設計圖 (3)商業策略 (4)生產製程。

75. ( ) 某甲在公務機關擔任首長，其弟弟乙是某協會的理事長，乙為舉辦協會活動，決定 (3)
向甲服務的機關申請經費補助，下列有關利益衝突迴避之敘述，何者正確？
(1)協會是舉辦慈善活動，甲認為是好事，所以指示機關承辦人補助活動經費
(2)機關未經公開公平方式，私下直接對協會補助活動經費新臺幣10萬元 (3)甲應
自行迴避該案審查，避免瓜田李下，防止利益衝突 (4)乙為順利取得補助，應該隱
瞞是機關首長甲之弟弟的身分。

76. ( ) 依公職人員利益衝突迴避法規定，公職人員甲與其小舅子乙（二親等以內的關係人） (3)
間，下列何種行為不違反該法？
(1)甲要求受其監督之機關聘用小舅子乙 (2)小舅子乙以請託關說之方式，請求甲
之服務機關通過其名下農地變更使用申請案 (3)關係人乙經政府採購法公開招標程
序，並主動在投標文件表明與甲的身分關係，取得甲服務機關之年度採購標案
(4)甲、乙兩人均自認為人公正，處事坦蕩，任何往來都是清者自清，不需擔心任何
問題。

77. ( ) 大雄擔任公司部門主管，代表公司向公務機關投標，為使公司順利取得標案，可以 (3)
向公務機關的採購人員為以下何種行為？
(1)為社交禮俗需要，贈送價值昂貴的名牌手錶作為見面禮 (2)為與公務機關間有
良好互動，招待至有女陪侍場所飲宴 (3)為了解招標文件內容，提出招標文件疑義
並請說明 (4)為避免報價錯誤，要求提供底價作為參考。

78. ( ) 下列關於政府採購人員之敘述，何者未違反相關規定？ (1)
(1)非主動向廠商求取，是偶發地收到廠商致贈價值在新臺幣500元以下之廣告物、
促銷品、紀念品 (2)要求廠商提供與採購無關之額外服務 (3)利用職務關係向廠
商借貸 (4)利用職務關係媒介親友至廠商處所任職。

79. ( ) 下列何者有誤？ (4)
(1)憲法保障言論自由，但散布假新聞、假消息仍須面對法律責任 (2)在網路或Line
社群網站收到假訊息，可以敘明案情並附加截圖檔，向法務部調查局檢舉 (3)對新
聞媒體報導有意見，向國家通訊傳播委員會申訴 (4)自己或他人捏造、扭曲、竄改
或虛構的訊息，只要一小部分能證明是真的，就不會構成假訊息。

80. ( ) 下列敘述何者正確？ (4)
(1)公務機關委託的代檢（代驗）業者，不是公務員，不會觸犯到刑法的罪責 (2)賄賂或不正利益，只限於法定貨幣，給予網路遊戲幣沒有違法的問題 (3)在靠北公務員社群網站，覺得可受公評且匿名發文，就可以謾罵公務機關對特定案件的檢查情形 (4)受公務機關委託辦理案件，除履行採購契約應辦事項外，對於蒐集到的個人資料，也要遵守相關保護及保密規定。

81. ( ) 下列有關促進參與及預防貪腐的敘述何者錯誤？ (1)
(1)我國非聯合國會員國，無須落實聯合國反貪腐公約規定 (2)推動政府部門以外之個人及團體積極參與預防和打擊貪腐 (3)提高決策過程之透明度，並促進公眾在決策過程中發揮作用 (4)對公職人員訂定執行公務之行為守則或標準。

82. ( ) 為建立良好之公司治理制度，公司內部宜納入何種檢舉人制度？ (2)
(1)告訴乃論制度 (2)吹哨者（whistleblower）保護程序及保護制度 (3)不告不理制度 (4)非告訴乃論制度。

83. ( ) 有關公司訂定誠信經營守則時，以下何者不正確？ (4)
(1)避免與涉有不誠信行為者進行交易 (2)防範侵害營業秘密、商標權、專利權、著作權及其他智慧財產權 (3)建立有效之會計制度及內部控制制度 (4)防範檢舉。

84. ( ) 乘坐轎車時，如有司機駕駛，按照國際乘車禮儀，以司機的方位來看，首位應為 (1)
(1)後排右側 (2)前座右側 (3)後排左側 (4)後排中間。

85. ( ) 今天好友突然來電，想來個「說走就走的旅行」，因此，無法去上班，下列何者作法不適當？ (2)
(1)發送 E-MAIL 給主管與人事部門，並收到回覆 (2)什麼都無需做，等公司打電話來確認後，再告知即可 (3)用 LINE 傳訊息給主管，並確認讀取且有回覆 (4)打電話給主管與人事部門請假。

86. ( ) 每天下班回家後，就懶得再出門去買菜，利用上班時間瀏覽線上購物網站，發現有很多限時搶購的便宜商品，還能在下班前就可以送到公司，下班順便帶回家，省掉好多時間，請問下列何者最適當？ (4)
(1)可以，又沒離開工作崗位，且能節省時間 (2)可以，還能介紹同事一同團購，省更多的錢，增進同事情誼 (3)不可以，應該把商品寄回家，不是公司 (4)不可以，上班不能從事個人私務，應該等下班後再網路購物。

87. ( ) 宜樺家中養了一隻貓，由於最近生病，獸醫師建議要有人一直陪牠，這樣會恢復快一點，辦公室雖然禁止攜帶寵物，但因為上班家裡無人陪伴，所以準備帶牠到辦公室一起上班，下列何者最適當？ (4)
(1)可以，只要我放在寵物箱，不要影響工作即可 (2)可以，同事們都答應也不反對 (3)可以，雖然貓會發出聲音，大小便有異味，只要處理好不影響工作即可 (4)不可以，建議送至專門機構照護，以免影響工作。

88. ( ) 根據性別平等工作法，下列何者非屬職場性騷擾？ (4)
(1)公司員工執行職務時，客戶對其講黃色笑話，該員工感覺被冒犯 (2)雇主對求職者要求交往，作為僱用與否之交換條件 (3)公司員工執行職務時，遭到同事以「女人就是沒大腦」性別歧視用語加以辱罵，該員工感覺其人格尊嚴受損 (4)公司員工下班後搭乘捷運，在捷運上遭到其他乘客偷拍。

89. ( ) 根據性別平等工作法，下列何者非屬職場性別歧視？ (4)
(1)雇主考量男性賺錢養家之社會期待，提供男性高於女性之薪資 (2)雇主考量女性以家庭為重之社會期待，裁員時優先資遣女性 (3)雇主事先與員工約定倘其有懷孕之情事，必須離職 (4)有未滿2歲子女之男性員工，也可申請每日六十分鐘的哺乳時間。

90. ( ) 根據性別平等工作法，有關雇主防治性騷擾之責任與罰則，下列何者錯誤？ (3)
(1)僱用受僱者30人以上者，應訂定性騷擾防治措施、申訴及懲戒辦法 (2)雇主知悉性騷擾發生時，應採取立即有效之糾正及補救措施 (3)雇主違反應訂定性騷擾防治措施之規定時，處以罰鍰即可，不用公布其姓名 (4)雇主違反應訂定性騷擾申訴管道者，應限期令其改善，屆期未改善者，應按次處罰。

91. ( ) 根據性騷擾防治法，有關性騷擾之責任與罰則，下列何者錯誤？ (1)
(1)對他人為性騷擾者，如果沒有造成他人財產上之損失，就無需負擔金錢賠償之責任 (2)對於因教育、訓練、醫療、公務、業務、求職，受自己監督、照護之人，利用權勢或機會為性騷擾者，得加重科處罰鍰至二分之一 (3)意圖性騷擾，乘人不及抗拒而為親吻、擁抱或觸摸其臀部、胸部或其他身體隱私處之行為者，處2年以下有期徒刑、拘役或科或併科10萬元以下罰金 (4)對他人為權勢性騷擾以外之性騷擾者，由直轄市、縣（市）主管機關處1萬元以上10萬元以下罰鍰。

92. ( ) 根據性別平等工作法規範職場性騷擾範疇，下列何者為「非」？ (3)
(1)上班執行職務時，任何人以性要求、具有性意味或性別歧視之言詞或行為，造成敵意性、脅迫性或冒犯性之工作環境 (2)對僱用、求職或執行職務關係受自己指揮、監督之人，利用權勢或機會為性騷擾 (3)下班回家時被陌生人以盯梢、守候、尾隨跟蹤 (4)雇主對受僱者或求職者為明示或暗示之性要求、具有性意味或性別歧視之言詞或行為。

93. ( ) 根據消除對婦女一切形式歧視公約（CEDAW）之直接歧視及間接歧視意涵，下列何者錯誤？ (3)
(1)老闆得知小黃懷孕後，故意將小黃調任薪資待遇較差的工作，意圖使其自行離開職場，小黃老闆的行為是直接歧視 (2)某餐廳於網路上招募外場服務生，條件以未婚年輕女性優先錄取，明顯以性或性別差異為由所實施的差別待遇，為直接歧視 (3)某公司員工值班注意事項排除女性員工參與夜間輪值，是考量女性有人身安全及家庭照顧等需求，為維護女性權益之措施，非直接歧視 (4)某科技公司規定男女員工之加班時數上限及加班費或津貼不同，認為女性能力有限，且無法長時間工作，限制女性獲取薪資及升遷機會，這規定是直接歧視。

94. ( ) 目前菸害防制法規範,「不可販賣菸品」給幾歲以下的人? (1)20 (2)19 (3)18 (4)17。 (1)

95. ( ) 按菸害防制法規定,下列敘述何者錯誤? (1)只有老闆、店員才可以出面勸阻在禁菸場所抽菸的人 (2)任何人都可以出面勸阻在禁菸場所抽菸的人 (3)餐廳、旅館設置室內吸菸室,需經專業技師簽證核可 (4)加油站屬易燃易爆場所,任何人都可以勸阻在禁菸場所抽菸的人。 (1)

96. ( ) 關於菸品對人體危害的敘述,下列何者「正確」? (1)只要開電風扇、或是抽風機就可以去除菸霧中的有害物質 (2)指定菸品(如:加熱菸)只要通過健康風險評估,就不會危害健康,因此工作時如果想吸菸,就可以在職場拿出來使用 (3)雖然自己不吸菸,同事在旁邊吸菸,就會增加自己得肺癌的機率 (4)只要不將菸吸入肺部,就不會對身體造成傷害。 (3)

97. ( ) 職場禁菸的好處不包括 (1)降低吸菸者的菸品使用量,有助於減少吸菸導致的健康危害 (2)避免同事因為被動吸菸而生病 (3)讓吸菸者菸癮降低,戒菸較容易成功 (4)吸菸者不能抽菸會影響工作效率。 (4)

98. ( ) 大多數的吸菸者都嘗試過戒菸,但是很少自己戒菸成功。吸菸的同事要戒菸,怎樣建議他是無效的? (1)鼓勵他撥打戒菸專線 0800-63-63-63,取得相關建議與協助 (2)建議他到醫療院所、社區藥局找藥物戒菸 (3)建議他參加醫院或衛生所辦理的戒菸班 (4)戒菸是自己的事,別人幫不了忙。 (4)

99. ( ) 禁菸場所負責人未於場所入口處設置明顯禁菸標示,要罰該場所負責人多少元? (1)2千-1萬 (2)1萬-5萬 (3)1萬-25萬 (4)20萬-100萬。 (2)

100. ( ) 目前電子煙是非法的,下列對電子煙的敘述,何者錯誤? (1)跟吸菸一樣會成癮 (2)會有爆炸危險 (3)沒有燃燒的菸草,也沒有二手煙的問題 (4)可能造成嚴重肺損傷。 (3)

90008 環境保護共同科目

不分級　工作項目 03：環境保護

單選題

1. ( ) 世界環境日是在每一年的那一日？ (1)
   (1)6月5日　(2)4月10日　(3)3月8日　(4)11月12日。

2. ( ) 2015年巴黎協議之目的為何？ (3)
   (1)避免臭氧層破壞　(2)減少持久性污染物排放　(3)遏阻全球暖化趨勢　(4)生物多樣性保育。

3. ( ) 下列何者為環境保護的正確作為？ (3)
   (1)多吃肉少蔬食　(2)自己開車不共乘　(3)鐵馬步行　(4)不隨手關燈。

4. ( ) 下列何種行為對生態環境會造成較大的衝擊？ (2)
   (1)種植原生樹木　(2)引進外來物種　(3)設立國家公園　(4)設立自然保護區。

5. ( ) 下列哪一種飲食習慣能減碳抗暖化？ (2)
   (1)多吃速食　(2)多吃天然蔬果　(3)多吃牛肉　(4)多選擇吃到飽的餐館。

6. ( ) 飼主遛狗時，其狗在道路或其他公共場所便溺時，下列何者應優先負清除責任？ (1)
   (1)主人　(2)清潔隊　(3)警察　(4)土地所有權人。

7. ( ) 外食自備餐具是落實綠色消費的哪一項表現？ (1)
   (1)重複使用　(2)回收再生　(3)環保選購　(4)降低成本。

8. ( ) 再生能源一般是指可永續利用之能源，主要包括哪些：A.化石燃料；B.風力；C.太陽能；D.水力？ (2)
   (1)ACD　(2)BCD　(3)ABD　(4)ABCD。

9. ( ) 依環境基本法第3條規定，基於國家長期利益，經濟、科技及社會發展均應兼顧環境保護。但如果經濟、科技及社會發展對環境有嚴重不良影響或有危害時，應以何者優先？ (4)
   (1)經濟　(2)科技　(3)社會　(4)環境。

10. ( ) 森林面積的減少甚至消失可能導致哪些影響：A.水資源減少；B.減緩全球暖化；C.加劇全球暖化；D.降低生物多樣性？ (1)
    (1)ACD　(2)BCD　(3)ABD　(4)ABCD。

11. ( ) 塑膠為海洋生態的殺手，所以政府推動「無塑海洋」政策，下列何項不是減少塑膠危害海洋生態的重要措施？ (3)
    (1)擴大禁止免費供應塑膠袋　(2)禁止製造、進口及販售含塑膠柔珠的清潔用品　(3)定期進行海水水質監測　(4)淨灘、淨海。

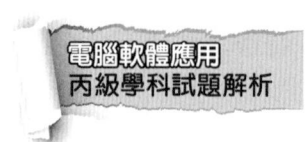

12. ( )	違反環境保護法律或自治條例之行政法上義務,經處分機關處停工、停業處分或處新臺幣五千元以上罰鍰者,應接受下列何種講習? (1)道路交通安全講習 (2)環境講習 (3)衛生講習 (4)消防講習。	(2)
13. ( )	下列何者為環保標章? (1) (2) (3) (4)	(1)
14. ( )	「聖嬰現象」是指哪一區域的溫度異常升高? (1)西太平洋表層海水 (2)東太平洋表層海水 (3)西印度洋表層海水 (4)東印度洋表層海水。	(2)
15. ( )	「酸雨」定義為雨水酸鹼值達多少以下時稱之? (1)5.0 (2)6.0 (3)7.0 (4)8.0。	(1)
16. ( )	一般而言,水中溶氧量隨水溫之上升而呈下列哪一種趨勢? (1)增加 (2)減少 (3)不變 (4)不一定。	(2)
17. ( )	二手菸中包含多種危害人體的化學物質,甚至多種物質有致癌性,會危害到下列何者的健康? (1)只對12歲以下孩童有影響 (2)只對孕婦比較有影響 (3)只對65歲以上之民眾有影響 (4)對二手菸接觸民眾皆有影響。	(4)
18. ( )	二氧化碳和其他溫室氣體含量增加是造成全球暖化的主因之一,下列何種飲食方式也能降低碳排放量,對環境保護做出貢獻:A.少吃肉,多吃蔬菜;B.玉米產量減少時,購買玉米罐頭食用;C.選擇當地食材;D.使用免洗餐具,減少清洗用水與清潔劑? (1)AB (2)AC (3)AD (4)ACD。	(2)
19. ( )	上下班的交通方式有很多種,其中包括:A.騎腳踏車;B.搭乘大眾交通工具;C.自行開車,請將前述幾種交通方式之單位排碳量由少至多之排列方式為何? (1)ABC (2)ACB (3)BAC (4)CBA。	(1)
20. ( )	下列何者「不是」室內空氣污染源? (1)建材 (2)辦公室事務機 (3)廢紙回收箱 (4)油漆及塗料。	(3)
21. ( )	下列何者不是自來水消毒採用的方式? (1)加入臭氧 (2)加入氯氣 (3)紫外線消毒 (4)加入二氧化碳。	(4)
22. ( )	下列何者不是造成全球暖化的元凶? (1)汽機車排放的廢氣 (2)工廠所排放的廢氣 (3)火力發電廠所排放的廢氣 (4)種植樹木。	(4)
23. ( )	下列何者不是造成臺灣水資源減少的主要因素? (1)超抽地下水 (2)雨水酸化 (3)水庫淤積 (4)濫用水資源。	(2)

24. ( ) 下列何者是海洋受污染的現象？ (1)
   (1)形成紅潮 (2)形成黑潮 (3)溫室效應 (4)臭氧層破洞。

25. ( ) 水中生化需氧量（BOD）愈高，其所代表的意義為下列何者？ (2)
   (1)水為硬水 (2)有機污染物多 (3)水質偏酸 (4)分解污染物時不需消耗太多氧。

26. ( ) 下列何者是酸雨對環境的影響？ (1)
   (1)湖泊水質酸化 (2)增加森林生長速度 (3)土壤肥沃 (4)增加水生動物種類。

27. ( ) 下列哪一項水質濃度降低會導致河川魚類大量死亡？ (2)
   (1)氨氮 (2)溶氧 (3)二氧化碳 (4)生化需氧量。

28. ( ) 下列何種生活小習慣的改變可減少細懸浮微粒（$PM_{2.5}$）排放，共同為改善空氣品質盡一份心力？ (1)
   (1)少吃燒烤食物 (2)使用吸塵器 (3)養成運動習慣 (4)每天喝500cc的水。

29. ( ) 下列哪種措施不能用來降低空氣污染？ (4)
   (1)汽機車強制定期排氣檢測 (2)汰換老舊柴油車 (3)禁止露天燃燒稻草 (4)汽機車加裝消音器。

30. ( ) 大氣層中臭氧層有何作用？ (3)
   (1)保持溫度 (2)對流最旺盛的區域 (3)吸收紫外線 (4)造成光害。

31. ( ) 小李具有乙級廢水專責人員證照，某工廠希望以高價租用證照的方式合作，請問下列何者正確？ (1)
   (1)這是違法行為 (2)互蒙其利 (3)價錢合理即可 (4)經環保局同意即可。

32. ( ) 可藉由下列何者改善河川水質且兼具提供動植物良好棲地環境？ (2)
   (1)運動公園 (2)人工溼地 (3)滯洪池 (4)水庫。

33. ( ) 台灣自來水之水源主要取自 (2)
   (1)海洋的水 (2)河川或水庫的水 (3)綠洲的水 (4)灌溉渠道的水。

34. ( ) 目前市售清潔劑均會強調「無磷」，是因為含磷的清潔劑使用後，若廢水排至河川或湖泊等水域會造成甚麼影響？ (2)
   (1)綠牡蠣 (2)優養化 (3)秘雕魚 (4)烏腳病。

35. ( ) 冰箱在廢棄回收時應特別注意哪一項物質，以避免逸散至大氣中造成臭氧層的破壞？ (1)
   (1)冷媒 (2)甲醛 (3)汞 (4)苯。

36. ( ) 下列何者不是噪音的危害所造成的現象？ (1)
   (1)精神很集中 (2)煩躁、失眠 (3)緊張、焦慮 (4)工作效率低落。

37. ( ) 我國移動污染源空氣污染防制費的徵收機制為何？
(1)依車輛里程數計費 (2)隨油品銷售徵收 (3)依牌照徵收 (4)依照排氣量徵收。 (2)

38. ( ) 室內裝潢時，若不謹慎選擇建材，將會逸散出氣狀污染物。其中會刺激皮膚、眼、鼻和呼吸道，也是致癌物質，可能為下列哪一種污染物？
(1)臭氧 (2)甲醛 (3)氟氯碳化合物 (4)二氧化碳。 (2)

39. ( ) 高速公路旁常見農田違法焚燒稻草，其產生下列何種汙染物除了對人體健康造成不良影響外，亦會造成濃煙影響行車安全？
(1)懸浮微粒 (2)二氧化碳(CO_2) (3)臭氧(O_3) (4)沼氣。 (1)

40. ( ) 都市中常產生的「熱島效應」會造成何種影響？
(1)增加降雨 (2)空氣污染物不易擴散 (3)空氣污染物易擴散 (4)溫度降低。 (2)

41. ( ) 下列何者不是藉由蚊蟲傳染的疾病？
(1)日本腦炎 (2)瘧疾 (3)登革熱 (4)痢疾。 (4)

42. ( ) 下列何者非屬資源回收分類項目中「廢紙類」的回收物？
(1)報紙 (2)雜誌 (3)紙袋 (4)用過的衛生紙。 (4)

43. ( ) 下列何者對飲用瓶裝水之形容是正確的：A.飲用後之寶特瓶容器為地球增加了一個廢棄物；B.運送瓶裝水時卡車會排放空氣污染物；C.瓶裝水一定比經煮沸之自來水安全衛生？
(1)AB (2)BC (3)AC (4)ABC。 (1)

44. ( ) 下列哪一項是我們在家中常見的環境衛生用藥？
(1)體香劑 (2)殺蟲劑 (3)洗滌劑 (4)乾燥劑。 (2)

45. ( ) 下列何者為公告應回收的廢棄物？A.廢鋁箔包；B.廢紙容器；C.寶特瓶
(1)ABC (2)AC (3)BC (4)C。 (1)

46. ( ) 小明拿到「垃圾強制分類」的宣導海報，標語寫著「分3類，好OK」，標語中的分3類是指家戶日常生活中產生的垃圾可以區分哪三類？
(1)資源垃圾、廚餘、事業廢棄物 (2)資源垃圾、一般廢棄物、事業廢棄物 (3)一般廢棄物、事業廢棄物、放射性廢棄物 (4)資源垃圾、廚餘、一般垃圾。 (4)

47. ( ) 家裡有過期的藥品，請問這些藥品要如何處理？
(1)倒入馬桶沖掉 (2)交由藥局回收 (3)繼續服用 (4)送給相同疾病的朋友。 (2)

48. ( ) 台灣西部海岸曾發生的綠牡蠣事件是與下列何種物質污染水體有關？
(1)汞 (2)銅 (3)磷 (4)鎘。 (2)

49. ( ) 在生物鏈越上端的物種其體內累積持久性有機污染物(POPs)濃度將越高，危害性也將越大，這是說明POPs具有下列何種特性？
(1)持久性 (2)半揮發性 (3)高毒性 (4)生物累積性。 (4)

50. ( ) 有關小黑蚊的敘述，下列何者為非？ (3)
(1)活動時間以中午十二點到下午三點為活動高峰期　(2)小黑蚊的幼蟲以腐植質、青苔和藻類為食　(3)無論雄性或雌性皆會吸食哺乳類動物血液　(4)多存在竹林、灌木叢、雜草叢、果園等邊緣地帶等處。

51. ( ) 利用垃圾焚化廠處理垃圾的最主要優點為何？ (1)
(1)減少處理後的垃圾體積　(2)去除垃圾中所有毒物　(3)減少空氣污染　(4)減少處理垃圾的程序。

52. ( ) 利用豬隻的排泄物當燃料發電，是屬於下列哪一種能源？ (3)
(1)地熱能　(2)太陽能　(3)生質能　(4)核能。

53. ( ) 每個人日常生活皆會產生垃圾，有關處理垃圾的觀念與方式，下列何者不正確？ (2)
(1)垃圾分類，使資源回收再利用　(2)所有垃圾皆掩埋處理，垃圾將會自然分解　(3)廚餘回收堆肥後製成肥料　(4)可燃性垃圾經焚化燃燒可有效減少垃圾體積。

54. ( ) 防治蚊蟲最好的方法是 (2)
(1)使用殺蟲劑　(2)清除孳生源　(3)網子捕捉　(4)拍打。

55. ( ) 室內裝修業者承攬裝修工程，工程中所產生的廢棄物應該如何處理？ (1)
(1)委託合法清除機構清運　(2)倒在偏遠山坡地　(3)河岸邊掩埋　(4)交給清潔隊垃圾車。

56. ( ) 若使用後的廢電池未經回收，直接廢棄所含重金屬物質曝露於環境中可能產生哪些影響？A.地下水污染；B.對人體產生中毒等不良作用；C.對生物產生重金屬累積及濃縮作用；D.造成優養化 (1)
(1)ABC　(2)ABCD　(3)ACD　(4)BCD。

57. ( ) 哪一種家庭廢棄物可用來作為製造肥皂的主要原料？ (3)
(1)食醋　(2)果皮　(3)回鍋油　(4)熟廚餘。

58. ( ) 世紀之毒「戴奧辛」主要透過何者方式進入人體？ (3)
(1)透過觸摸　(2)透過呼吸　(3)透過飲食　(4)透過雨水。

59. ( ) 臺灣地狹人稠，垃圾處理一直是不易解決的問題，下列何種是較佳的因應對策？ (1)
(1)垃圾分類資源回收　(2)蓋焚化廠　(3)運至國外處理　(4)向海爭地掩埋。

60. ( ) 購買下列哪一種商品對環境比較友善？ (3)
(1)用過即丟的商品　(2)一次性的產品　(3)材質可以回收的商品　(4)過度包裝的商品。

61. ( ) 下列何項法規的立法目的為預防及減輕開發行為對環境造成不良影響，藉以達成環境保護之目的？ (2)
(1)公害糾紛處理法　(2)環境影響評估法　(3)環境基本法　(4)環境教育法。

62. ( ) 下列何種開發行為若對環境有不良影響之虞者,應實施環境影響評估?A.開發科學園區;B.新建捷運工程;C.採礦 (1)AB (2)BC (3)AC (4)ABC。 (4)

63. ( ) 主管機關審查環境影響說明書或評估書,如認為已足以判斷未對環境有重大影響之虞,作成之審查結論可能為下列何者? (1)通過環境影響評估審查 (2)應繼續進行第二階段環境影響評估 (3)認定不應開發 (4)補充修正資料再審。 (1)

64. ( ) 依環境影響評估法規定,對環境有重大影響之虞的開發行為應繼續進行第二階段環境影響評估,下列何者不是上述對環境有重大影響之虞或應進行第二階段環境影響評估的決定方式? (1)明訂開發行為及規模 (2)環評委員會審查認定 (3)自願進行 (4)有民眾或團體抗爭。 (4)

65. ( ) 依環境教育法,環境教育之戶外學習應選擇何地點辦理? (1)遊樂園 (2)環境教育設施或場所 (3)森林遊樂區 (4)海洋世界。 (2)

66. ( ) 依環境影響評估法規定,環境影響評估審查委員會審查環境影響說明書,認定下列對環境有重大影響之虞者,應繼續進行第二階段環境影響評估,下列何者非屬對環境有重大影響之虞者? (1)對保育類動植物之棲息生存有顯著不利之影響 (2)對國家經濟有顯著不利之影響 (3)對國民健康有顯著不利之影響 (4)對其他國家之環境有顯著不利之影響。 (2)

67. ( ) 依環境影響評估法規定,第二階段環境影響評估,目的事業主管機關應舉行下列何種會議? (1)研討會 (2)聽證會 (3)辯論會 (4)公聽會。 (4)

68. ( ) 開發單位申請變更環境影響說明書、評估書內容或審查結論,符合下列哪一情形,得檢附變更內容對照表辦理? (1)既有設備提昇產能而污染總量增加在百分之十以下 (2)降低環境保護設施處理等級或效率 (3)環境監測計畫變更 (4)開發行為規模增加未超過百分之五。 (3)

69. ( ) 開發單位變更原申請內容有下列哪一情形,無須就申請變更部分,重新辦理環境影響評估? (1)不降低環保設施之處理等級或效率 (2)規模擴增百分之十以上 (3)對環境品質之維護有不利影響 (4)土地使用之變更涉及原規劃之保護區。 (1)

70. ( ) 工廠或交通工具排放空氣污染物之檢查,下列何者錯誤? (1)依中央主管機關規定之方法使用儀器進行檢查 (2)檢查人員以嗅覺進行氨氣濃度之判定 (3)檢查人員以嗅覺進行異味濃度之判定 (4)檢查人員以肉眼進行粒狀污染物不透光率之判定。 (2)

71. ( ) 下列對於空氣污染物排放標準之敘述，何者正確：A.排放標準由中央主管機關訂定；B.所有行業之排放標準皆相同？
(1)僅 A (2)僅 B (3)AB 皆正確 (4)AB 皆錯誤。 (1)

72. ( ) 下列對於細懸浮微粒（PM$_{2.5}$）之敘述何者正確：A.空氣品質測站中自動監測儀所測得之數值若高於空氣品質標準，即判定為不符合空氣品質標準；B.濃度監測之標準方法為中央主管機關公告之手動檢測方法；C.空氣品質標準之年平均值為 15μg/m^3？
(1)僅 AB (2)僅 BC (3)僅 AC (4)ABC 皆正確。 (2)

73. ( ) 機車為空氣污染物之主要排放來源之一，下列何者可降低空氣污染物之排放量：A.將四行程機車全面汰換成二行程機車；B.推廣電動機車；C.降低汽油中之硫含量？
(1)僅 AB (2)僅 BC (3)僅 AC (4)ABC 皆正確。 (2)

74. ( ) 公眾聚集量大且滯留時間長之場所，經公告應設置自動監測設施，其應量測之室內空氣污染物項目為何？
(1)二氧化碳 (2)一氧化碳 (3)臭氧 (4)甲醛。 (1)

75. ( ) 空氣污染源依排放特性分為固定污染源及移動污染源，下列何者屬於移動污染源？
(1)焚化廠 (2)石化廠 (3)機車 (4)煉鋼廠。 (3)

76. ( ) 我國汽機車移動污染源空氣污染防制費的徵收機制為何？
(1)依牌照徵收 (2)隨水費徵收 (3)隨油品銷售徵收 (4)購車時徵收。 (3)

77. ( ) 細懸浮微粒（PM$_{2.5}$）除了來自於污染源直接排放外，亦可能經由下列哪一種反應產生？
(1)光合作用 (2)酸鹼中和 (3)厭氧作用 (4)光化學反應。 (4)

78. ( ) 我國固定污染源空氣污染防制費以何種方式徵收？
(1)依營業額徵收 (2)隨使用原料徵收 (3)按工廠面積徵收 (4)依排放污染物之種類及數量徵收。 (4)

79. ( ) 在不妨害水體正常用途情況下，水體所能涵容污染物之量稱為
(1)涵容能力 (2)放流能力 (3)運轉能力 (4)消化能力。 (1)

80. ( ) 水污染防治法中所稱地面水體不包括下列何者？
(1)河川 (2)海洋 (3)灌溉渠道 (4)地下水。 (4)

81. ( ) 下列何者不是主管機關設置水質監測站採樣的項目？
(1)水溫 (2)氫離子濃度指數 (3)溶氧量 (4)顏色。 (4)

82. ( ) 事業、污水下水道系統及建築物污水處理設施之廢（污）水處理，其產生之污泥，依規定應作何處理？
(1)應妥善處理，不得任意放置或棄置 (2)可作為農業肥料 (3)可作為建築土方 (4)得交由清潔隊處理。 (1)

83. (　)　依水污染防治法，事業排放廢（污）水於地面水體者，應符合下列哪一標準之規定？ (2)
    (1)下水水質標準　(2)放流水標準　(3)水體分類水質標準　(4)土壤處理標準。

84. (　)　放流水標準，依水污染防治法應由何機關定之：A.中央主管機關；B.中央主管機關會同相關目的事業主管機關；C.中央主管機關會商相關目的事業主管機關？ (3)
    (1)僅 A　(2)僅 B　(3)僅 C　(4)ABC。

85. (　)　對於噪音之量測，下列何者錯誤？ (1)
    (1)可於下雨時測量　(2)風速大於每秒 5 公尺時不可量測　(3)聲音感應器應置於離地面或樓板延伸線 1.2 至 1.5 公尺之間　(4)測量低頻噪音時，僅限於室內地點測量，非於戶外量測。

86. (　)　下列對於噪音管制法之規定，何者敘述錯誤？ (4)
    (1)噪音指超過管制標準之聲音　(2)環保局得視噪音狀況劃定公告噪音管制區　(3)人民得向主管機關檢舉使用中機動車輛噪音妨害安寧情形　(4)使用經校正合格之噪音計皆可執行噪音管制法規定之檢驗測定。

87. (　)　製造非持續性但卻妨害安寧之聲音者，由下列何單位依法進行處理？ (1)
    (1)警察局　(2)環保局　(3)社會局　(4)消防局。

88. (　)　廢棄物、剩餘土石方清除機具應隨車持有證明文件且應載明廢棄物、剩餘土石方之：A 產生源；B 處理地點；C 清除公司 (1)
    (1)僅 AB　(2)僅 BC　(3)僅 AC　(4)ABC 皆是。

89. (　)　從事廢棄物清除、處理業務者，應向直轄市、縣（市）主管機關或中央主管機關委託之機關取得何種文件後，始得受託清除、處理廢棄物業務？ (1)
    (1)公民營廢棄物清除處理機構許可文件　(2)運輸車輛駕駛證明　(3)運輸車輛購買證明　(4)公司財務證明。

90. (　)　在何種情形下，禁止輸入事業廢棄物：A.對國內廢棄物處理有妨礙；B.可直接固化處理、掩埋、焚化或海拋；C.於國內無法妥善清理？ (4)
    (1)僅 A　(2)僅 B　(3)僅 C　(4)ABC。

91. (　)　毒性化學物質因洩漏、化學反應或其他突發事故而污染運作場所周界外之環境，運作人應立即採取緊急防治措施，並至遲於多久時間內，報知直轄市、縣（市）主管機關？ (4)
    (1)1 小時　(2)2 小時　(3)4 小時　(4)30 分鐘。

92. (　)　下列何種物質或物品，受毒性及關注化學物質管理法之管制？ (4)
    (1)製造醫藥之靈丹　(2)製造農藥之蓋普丹　(3)含汞之日光燈　(4)使用青石綿製造石綿瓦。

93. (　)　下列何行為不是土壤及地下水污染整治法所指污染行為人之作為？ (4)
    (1)洩漏或棄置污染物　(2)非法排放或灌注污染物　(3)仲介或容許洩漏、棄置、非法排放或灌注污染物　(4)依法令規定清理污染物。

94. ( ) 依土壤及地下水污染整治法規定,進行土壤、底泥及地下水污染調查、整治及提供、檢具土壤及地下水污染檢測資料時,其土壤、底泥及地下水污染物檢驗測定,應委託何單位辦理? (1)經中央主管機關許可之檢測機構 (2)大專院校 (3)政府機關 (4)自行檢驗。 (1)

95. ( ) 為解決環境保護與經濟發展的衝突與矛盾,1992年聯合國環境發展大會（UN Conference on Environment and Development, UNCED）制定通過: (1)日內瓦公約 (2)蒙特婁公約 (3)21世紀議程 (4)京都議定書。 (3)

96. ( ) 一般而言,下列哪一個防治策略是屬經濟誘因策略? (1)可轉換排放許可交易 (2)許可證制度 (3)放流水標準 (4)環境品質標準。 (1)

97. ( ) 對溫室氣體管制之「無悔政策」係指 (1)減輕溫室氣體效應之同時,仍可獲致社會效益 (2)全世界各國同時進行溫室氣體減量 (3)各類溫室氣體均有相同之減量邊際成本 (4)持續研究溫室氣體對全球氣候變遷之科學證據。 (1)

98. ( ) 一般家庭垃圾在進行衛生掩埋後,會經由細菌的分解而產生甲烷氣體,有關甲烷氣體對大氣危機中哪一種效應具有影響力? (1)臭氧層破壞 (2)酸雨 (3)溫室效應 (4)煙霧（smog）效應。 (3)

99. ( ) 下列國際環保公約,何者限制各國進行野生動植物交易,以保護瀕臨絕種的野生動植物? (1)華盛頓公約 (2)巴塞爾公約 (3)蒙特婁議定書 (4)氣候變化綱要公約。 (1)

100. ( ) 因人類活動導致哪些營養物過量排入海洋,造成沿海赤潮頻繁發生,破壞了紅樹林、珊瑚礁、海皁,亦使魚蝦銳減,漁業損失慘重? (1)碳及磷 (2)氮及磷 (3)氮及氯 (4)氯及鎂。 (2)

90009 節能減碳共同科目

工作項目 04：節能減碳

單選題

1. ( ) 依能源局「指定能源用戶應遵行之節約能源規定」，在正常使用條件下，公眾出入之場所其室內冷氣溫度平均值不得低於攝氏幾度？
   (1)26　(2)25　(3)24　(4)22。　(1)

2. ( ) 下列何者為節能標章？　(2)

3. ( ) 下列產業中耗能佔比最大的產業為
   (1)服務業　(2)公用事業　(3)農林漁牧業　(4)能源密集產業。　(4)

4. ( ) 下列何者「不是」節省能源的做法？
   (1)電冰箱溫度長時間設定在強冷或急冷　(2)影印機當 15 分鐘無人使用時，自動進入省電模式　(3)電視機勿背著窗戶，並避免太陽直射　(4)短程不開汽車，以儘量搭乘公車、騎單車或步行為宜。　(1)

5. ( ) 經濟部能源署的能源效率標示中，電冰箱分為幾個等級？
   (1)1　(2)3　(3) 5　(4)7。　(3)

6. ( ) 溫室氣體排放量：指自排放源排出之各種溫室氣體量乘以各該物質溫暖化潛勢所得之合計量，以
   (1)氧化亞氮（N_2O）　(2)二氧化碳（CO_2）　(3)甲烷（CH_4）　(4)六氟化硫（SF_6）當量表示。　(2)

7. ( ) 根據氣候變遷因應法，國家溫室氣體長期減量目標於中華民國幾年達成溫室氣體淨零排放？
   (1)119　(2)129　(3)139　(4)149 。　(3)

8. ( ) 氣候變遷因應法所稱主管機關，在中央為下列何單位？
   (1)經濟部能源署　(2)環境部　(3)國家發展委員會　(4)衛生福利部 。　(2)

9. ( ) 氣候變遷因應法中所稱：一單位之排放額度相當於允許排放多少的二氧化碳當量
   (1)1 公斤　(2)1 立方米　(3)1 公噸　(4)1 公升 。　(3)

10. ( ) 下列何者「不是」全球暖化帶來的影響？
    (1)洪水　(2)熱浪　(3)地震　(4)旱災。　(3)

11. ( ) 下列何種方法無法減少二氧化碳？　(1)想吃多少儘量點，剩下可當廚餘回收　(2)選購當地、當季食材，減少運輸碳足跡　(3)多吃蔬菜，少吃肉　(4)自備杯筷，減少免洗用具垃圾量。　(1)

12. ( ) 下列何者不會減少溫室氣體的排放？　(1)減少使用煤、石油等化石燃料　(2)大量植樹造林，禁止亂砍亂伐　(3)增高燃煤氣體排放的煙囪　(4)開發太陽能、水能等新能源。　(3)

13. ( ) 關於綠色採購的敘述，下列何者錯誤？　(1)採購由回收材料所製造之物品　(2)採購的產品對環境及人類健康有最小的傷害性　(3)選購對環境傷害較少、污染程度較低的產品　(4)以精美包裝為主要首選。　(4)

14. ( ) 一旦大氣中的二氧化碳含量增加，會引起那一種後果？　(1)溫室效應惡化　(2)臭氧層破洞　(3)冰期來臨　(4)海平面下降。　(1)

15. ( ) 關於建築中常用的金屬玻璃帷幕牆，下列敘述何者正確？　(1)玻璃帷幕牆的使用能節省室內空調使用　(2)玻璃帷幕牆適用於臺灣，讓夏天的室內產生溫暖的感覺　(3)在溫度高的國家，建築物使用金屬玻璃帷幕會造成日照輻射熱，產生室內「溫室效應」　(4)臺灣的氣候濕熱，特別適合在大樓以金屬玻璃帷幕作為建材。　(3)

16. ( ) 下列何者不是能源之類型？　(1)電力　(2)壓縮空氣　(3)蒸汽　(4)熱傳。　(4)

17. ( ) 我國已制定能源管理系統標準為　(1)CNS 50001　(2)CNS 12681　(3)CNS 14001　(4)CNS 22000。　(1)

18. ( ) 台灣電力股份有限公司所謂的三段式時間電價於夏月平日（非週六日）之尖峰用電時段為何？　(1)9：00~16：00　(2)9：00~24：00　(3)6：00~11：00　(4)16：00~22：00。　(4)

19. ( ) 基於節能減碳的目標，下列何種光源發光效率最低，不鼓勵使用？　(1)白熾燈泡　(2)LED 燈泡　(3)省電燈泡　(4)螢光燈管。　(1)

20. ( ) 下列的能源效率分級標示，哪一項較省電？　(1)1　(2)2　(3)3　(4)4。　(1)

21. ( ) 下列何者「不是」目前台灣主要的發電方式？　(1)燃煤　(2)燃氣　(3)水力　(4)地熱。　(4)

22. ( ) 有關延長線及電線的使用，下列敘述何者錯誤？　(1)拔下延長線插頭時，應手握插頭取下　(2)使用中之延長線如有異味產生，屬正常現象不須理會　(3)應避開火源，以免外覆塑膠熔解，致使用時造成短路　(4)使用老舊之延長線，容易造成短路、漏電或觸電等危險情形，應立即更換。　(2)

23. ( ) 有關觸電的處理方式，下列敘述何者錯誤？ (1)
(1)立即將觸電者拉離現場 (2)把電源開關關閉 (3)通知救護人員 (4)使用絕緣的裝備來移除電源。

24. ( ) 目前電費單中，係以「度」為收費依據，請問下列何者為其單位？ (2)
(1)kW (2)kWh (3)kJ (4)kJh。

25. ( ) 依據台灣電力公司三段式時間電價（尖峰、半尖峰及離峰時段）的規定，請問哪個時段電價最便宜？ (4)
(1)尖峰時段 (2)夏月半尖峰時段 (3)非夏月半尖峰時段 (4)離峰時段。

26. ( ) 當用電設備遭遇電源不足或輸配電設備受限制時，導致用戶暫停或減少用電的情形，常以下列何者名稱出現？ (2)
(1)停電 (2)限電 (3)斷電 (4)配電。

27. ( ) 照明控制可以達到節能與省電費的好處，下列何種方法最適合一般住宅社區兼顧節能、經濟性與實際照明需求？ (2)
(1)加裝 DALI 全自動控制系統 (2)走廊與地下停車場選用紅外線感應控制電燈 (3)全面調低照明需求 (4)晚上關閉所有公共區域的照明。

28. ( ) 上班性質的商辦大樓為了降低尖峰時段用電，下列何者是錯的？ (2)
(1)使用儲冰式空調系統減少白天空調用電需求 (2)白天有陽光照明，所以白天可以將照明設備全關掉 (3)汰換老舊電梯馬達並使用變頻控制 (4)電梯設定隔層停止控制，減少頻繁啟動。

29. ( ) 為了節能與降低電費的需求，應該如何正確選用家電產品？ (2)
(1)選用高功率的產品效率較高 (2)優先選用取得節能標章的產品 (3)設備沒有壞，還是堪用，繼續用，不會增加支出 (4)選用能效分級數字較高的產品，效率較高，5 級的比 1 級的電器產品更省電。

30. ( ) 有效而正確的節能從選購產品開始，就一般而言，下列的因素中，何者是選購電氣設備的最優先考量項目？ (3)
(1)用電量消耗電功率是多少瓦攸關電費支出，用電量小的優先 (2)採購價格比較，便宜優先 (3)安全第一，一定要通過安規檢驗合格 (4)名人或演藝明星推薦，應該口碑較好。

31. ( ) 高效率燈具如果要降低眩光的不舒服，下列何者與降低刺眼眩光影響無關？ (3)
(1)光源下方加裝擴散板或擴散膜 (2)燈具的遮光板 (3)光源的色溫 (4)採用間接照明。

32. ( ) 用電熱爐煮火鍋，採用中溫 50%加熱，比用高溫 100%加熱，將同一鍋水煮開，下列何者是對的？ (4)
(1)中溫 50%加熱比較省電 (2)高溫 100%加熱比較省電 (3)中溫 50%加熱，電流反而比較大 (4)兩種方式用電量是一樣的。

33. ( ) 電力公司為降低尖峰負載時段超載的停電風險,將尖峰時段電價費率(每度電單價)提高,離峰時段的費率降低,引導用戶轉移部分負載至離峰時段,這種電能管理策略稱為
(1)需量競價 (2)時間電價 (3)可停電力 (4)表燈用戶彈性電價。 (2)

34. ( ) 集合式住宅的地下停車場需要維持通風良好的空氣品質,又要兼顧節能效益,下列的排風扇控制方式何者是不恰當的?
(1)淘汰老舊排風扇,改裝取得節能標章、適當容量的高效率風扇 (2)兩天一次運轉通風扇就好了 (3)結合一氧化碳偵測器,自動啟動/停止控制 (4)設定每天早晚二次定期啟動排風扇。 (2)

35. ( ) 大樓電梯為了節能及生活便利需求,可設定部分控制功能,下列何者是錯誤或不正確的做法?
(1)加感應開關,無人時自動關閉電燈與通風扇 (2)縮短每次開門/關門的時間 (3)電梯設定隔樓層停靠,減少頻繁啟動 (4)電梯馬達加裝變頻控制。 (2)

36. ( ) 為了節能及兼顧冰箱的保溫效果,下列何者是錯誤或不正確的做法?
(1)冰箱內上下層間不要塞滿,以利冷藏對流 (2)食物存放位置紀錄清楚,一次拿齊食物,減少開門次數 (3)冰箱門的密封壓條如果鬆弛,無法緊密關門,應儘速更新修復 (4)冰箱內食物擺滿塞滿,效益最高。 (4)

37. ( ) 電鍋剩飯持續保溫至隔天再食用,或剩飯先放冰箱冷藏,隔天用微波爐加熱,就加熱及節能觀點來評比,下列何者是對的?
(1)持續保溫較省電 (2)微波爐再加熱比較省電又方便 (3)兩者一樣 (4)優先選電鍋保溫方式,因為馬上就可以吃。 (2)

38. ( ) 不斷電系統 UPS 與緊急發電機的裝置都是應付臨時性供電狀況;停電時,下列的陳述何者是對的?
(1)緊急發電機會先啟動,不斷電系統 UPS 是後備的 (2)不斷電系統 UPS 先啟動,緊急發電機是後備的 (3)兩者同時啟動 (4)不斷電系統 UPS 可以撐比較久。 (2)

39. ( ) 下列何者為非再生能源?
(1)地熱能 (2)焦煤 (3)太陽能 (4)水力能。 (2)

40. ( ) 欲兼顧採光及降低經由玻璃部分侵入之熱負載,下列的改善方法何者錯誤?
(1)加裝深色窗簾 (2)裝設百葉窗 (3)換裝雙層玻璃 (4)貼隔熱反射膠片。 (1)

41. ( ) 一般桶裝瓦斯(液化石油氣)主要成分為丁烷與下列何種成分所組成?
(1)甲烷 (2)乙烷 (3)丙烷 (4)辛烷。 (3)

42. ( ) 在正常操作,且提供相同暖氣之情形下,下列何種暖氣設備之能源效率最高?
(1)冷暖氣機 (2)電熱風扇 (3)電熱輻射機 (4)電暖爐。 (1)

43. ( ) 下列何種熱水器所需能源費用最少?
(1)電熱水器 (2)天然瓦斯熱水器 (3)柴油鍋爐熱水器 (4)熱泵熱水器。 (4)

44. ( ) 某公司希望能進行節能減碳，為地球盡點心力，以下何種作為並不恰當？ (4)
(1)將採購規定列入以下文字：「汰換設備時首先考慮能源效率 1 級或具有節能標章之產品」 (2)盤查所有能源使用設備 (3)實行能源管理 (4)為考慮經營成本，汰換設備時採買最便宜的機種。

45. ( ) 冷氣外洩會造成能源之浪費，下列的入門設施與管理何者最耗能？ (2)
(1)全開式有氣簾 (2)全開式無氣簾 (3)自動門有氣簾 (4)自動門無氣簾。

46. ( ) 下列何者「不是」潔淨能源？ (4)
(1)風能 (2)地熱 (3)太陽能 (4)頁岩氣。

47. ( ) 有關再生能源中的風力、太陽能的使用特性中，下列敘述中何者錯誤？ (2)
(1)間歇性能源，供應不穩定 (2)不易受天氣影響 (3)需較大的土地面積 (4)設置成本較高。

48. ( ) 有關台灣能源發展所面臨的挑戰，下列選項何者是錯誤的？ (3)
(1)進口能源依存度高，能源安全易受國際影響 (2)化石能源所占比例高，溫室氣體減量壓力大 (3)自產能源充足，不需仰賴進口 (4)能源密集度較先進國家仍有改善空間。

49. ( ) 若發生瓦斯外洩之情形，下列處理方法中錯誤的是？ (3)
(1)應先關閉瓦斯爐或熱水器等開關 (2)緩慢地打開門窗，讓瓦斯自然飄散 (3)開啟電風扇，加強空氣流動 (4)在漏氣止住前，應保持警戒，嚴禁煙火。

50. ( ) 全球暖化潛勢（Global Warming Potential, GWP）是衡量溫室氣體對全球暖化的影響，其中是以何者為比較基準？ (1)
(1)CO_2 (2)CH_4 (3)SF_6 (4)N_2O。

51. ( ) 有關建築之外殼節能設計，下列敘述中錯誤的是？ (4)
(1)開窗區域設置遮陽設備 (2)大開窗面避免設置於東西日曬方位 (3)做好屋頂隔熱設施 (4)宜採用全面玻璃造型設計，以利自然採光。

52. ( ) 下列何者燈泡的發光效率最高？ (1)
(1)LED 燈泡 (2)省電燈泡 (3)白熾燈泡 (4)鹵素燈泡。

53. ( ) 有關吹風機使用注意事項，下列敘述中錯誤的是？ (4)
(1)請勿在潮濕的地方使用，以免觸電危險 (2)應保持吹風機進、出風口之空氣流通，以免造成過熱 (3)應避免長時間使用，使用時應保持適當的距離 (4)可用來作為烘乾棉被及床單等用途。

54. ( ) 下列何者是造成聖嬰現象發生的主要原因？ (2)
(1)臭氧層破洞 (2)溫室效應 (3)霧霾 (4)颱風。

55. ( ) 為了避免漏電而危害生命安全，下列「不正確」的做法是？ (4)
(1)做好用電設備金屬外殼的接地 (2)有濕氣的用電場合，線路加裝漏電斷路器 (3)加強定期的漏電檢查及維護 (4)使用保險絲來防止漏電的危險性。

56. ( ) 用電設備的線路保護用電力熔絲（保險絲）經常燒斷，造成停電的不便，下列「不正確」的作法是？
(1)換大一級或大兩級規格的保險絲或斷路器就不會燒斷了 (2)減少線路連接的電氣設備，降低用電量 (3)重新設計線路，改較粗的導線或用兩迴路並聯 (4)提高用電設備的功率因數。 (1)

57. ( ) 政府為推廣節能設備而補助民眾汰換老舊設備，下列何者的節電效益最佳？
(1)將桌上檯燈光源由螢光燈換為LED燈 (2)優先淘汰10年以上的老舊冷氣機為能源效率標示分級中之一級冷氣機 (3)汰換電風扇，改裝設能源效率標示分級為一級的冷氣機 (4)因為經費有限，選擇便宜的產品比較重要。 (2)

58. ( ) 依據我國現行國家標準規定，冷氣機的冷氣能力標示應以何種單位表示？
(1)kW (2)BTU/h (3)kcal/h (4)RT。 (1)

59. ( ) 漏電影響節電成效，並且影響用電安全，簡易的查修方法為
(1)電氣材料行買支驗電起子，碰觸電氣設備的外殼，就可查出漏電與否 (2)用手碰觸就可以知道有無漏電 (3)用三用電表檢查 (4)看電費單有無紀錄。 (1)

60. ( ) 使用了10幾年的通風換氣扇老舊又骯髒，噪音又大，維修時採取下列哪一種對策最為正確及節能？
(1)定期拆下來清洗油垢 (2)不必再猶豫，10年以上的電扇效率偏低，直接換為高效率通風扇 (3)直接噴沙拉脫清潔劑就可以了，省錢又方便 (4)高效率通風扇較貴，換同機型的廠內備用品就好了。 (2)

61. ( ) 電氣設備維修時，在關掉電源後，最好停留1至5分鐘才開始檢修，其主要的理由為下列何者？
(1)先平靜心情，做好準備才動手 (2)讓機器設備降溫下來再查修 (3)讓裡面的電容器有時間放電完畢，才安全 (4)法規沒有規定，這完全沒有必要。 (3)

62. ( ) 電氣設備裝設於有潮濕水氣的環境時，最應該優先檢查及確認的措施是？
(1)有無在線路上裝設漏電斷路器 (2)電氣設備上有無安全保險絲 (3)有無過載及過熱保護設備 (4)有無可能傾倒及生鏽。 (1)

63. ( ) 為保持中央空調主機效率，最好每隔多久時間應請維護廠商或保養人員檢視中央空調主機？
(1)半年 (2)1年 (3)1.5年 (4)2年。 (1)

64. ( ) 家庭用電最大宗來自於
(1)空調及照明 (2)電腦 (3)電視 (4)吹風機。 (1)

65. ( ) 冷氣房內為減少日照高溫及降低空調負載，下列何種處理方式是錯誤的？
(1)窗戶裝設窗簾或貼隔熱紙 (2)將窗戶或門開啟，讓屋內外空氣自然對流 (3)屋頂加裝隔熱材、高反射率塗料或噴水 (4)於屋頂進行薄層綠化。 (2)

66. ( ) 有關電冰箱放置位置的處理方式，下列何者是正確的？ (2)
(1)背後緊貼牆壁節省空間　(2)背後距離牆壁應有 10 公分以上空間，以利散熱　(3)室內空間有限，側面緊貼牆壁就可以了　(4)冰箱最好貼近流理台，以便存取食材。

67. ( ) 下列何項「不是」照明節能改善需優先考量之因素？ (2)
(1)照明方式是否適當　(2)燈具之外型是否美觀　(3)照明之品質是否適當　(4)照度是否適當。

68. ( ) 醫院、飯店或宿舍之熱水系統耗能大，要設置熱水系統時，應優先選用何種熱水系統較節能？ (2)
(1)電能熱水系統　(2)熱泵熱水系統　(3)瓦斯熱水系統　(4)重油熱水系統。

69. ( ) 如下圖，你知道這是什麼標章嗎？ (4)

(1)省水標章　(2)環保標章　(3)奈米標章　(4)能源效率標示。

70. ( ) 台灣電力公司電價表所指的夏月用電月份（電價比其他月份高）是為 (3)
(1)4/1~7/31　(2)5/1~8/31　(3)6/1~9/30　(4)7/1~10/31。

71. ( ) 屋頂隔熱可有效降低空調用電，下列何項措施較不適當？ (1)
(1)屋頂儲水隔熱　(2)屋頂綠化　(3)於適當位置設置太陽能板發電同時加以隔熱　(4)鋪設隔熱磚。

72. ( ) 電腦機房使用時間長、耗電量大，下列何項措施對電腦機房之用電管理較不適當？ (1)
(1)機房設定較低之溫度　(2)設置冷熱通道　(3)使用較高效率之空調設備　(4)使用新型高效能電腦設備。

73. ( ) 下列有關省水標章的敘述中正確的是？ (3)
(1)省水標章是環境部為推動使用節水器材，特別研定以作為消費者辨識省水產品的一種標誌　(2)獲得省水標章的產品並無嚴格測試，所以對消費者並無一定的保障　(3)省水標章能激勵廠商重視省水產品的研發與製造，進而達到推廣節水良性循環之目的　(4)省水標章除有用水設備外，亦可使用於冷氣或冰箱上。

74. ( ) 透過淋浴習慣的改變就可以節約用水，以下的何種方式正確？ (2)
(1)淋浴時抹肥皂，無需將蓮蓬頭暫時關上　(2)等待熱水前流出的冷水可以用水桶接起來再利用　(3)淋浴流下的水不可以刷洗浴室地板　(4)淋浴沖澡流下的水，可以儲蓄洗菜使用。

75. ( ) 家人洗澡時,一個接一個連續洗,也是一種有效的省水方式嗎? (1)
(1)是,因為可以節省等待熱水流出之前所先流失的冷水 (2)否,這跟省水沒什麼關係,不用這麼麻煩 (3)否,因為等熱水時流出的水量不多 (4)有可能省水也可能不省水,無法定論。

76. ( ) 下列何種方式有助於節省洗衣機的用水量? (2)
(1)洗衣機洗滌的衣物盡量裝滿,一次洗完 (2)購買洗衣機時選購有省水標章的洗衣機,可有效節約用水 (3)無需將衣物適當分類 (4)洗濯衣物時盡量選擇高水位才洗的乾淨。

77. ( ) 如果水龍頭流量過大,下列何種處理方式是錯誤的? (3)
(1)加裝節水墊片或起波器 (2)加裝可自動關閉水龍頭的自動感應器 (3)直接換裝沒有省水標章的水龍頭 (4)直接調整水龍頭到適當水量。

78. ( ) 洗菜水、洗碗水、洗衣水、洗澡水等的清洗水,不可直接利用來做什麼用途? (4)
(1)洗地板 (2)沖馬桶 (3)澆花 (4)飲用水。

79. ( ) 如果馬桶有不正常的漏水問題,下列何者處理方式是錯誤的? (1)
(1)因為馬桶還能正常使用,所以不用著急,等到不能用時再報修即可 (2)立刻檢查馬桶水箱零件有無鬆脫,並確認有無漏水 (3)滴幾滴食用色素到水箱裡,檢查有無有色水流進馬桶,代表可能有漏水 (4)通知水電行或檢修人員來檢修,徹底根絕漏水問題。

80. ( ) 水費的計量單位是「度」,你知道一度水的容量大約有多少? (3)
(1)2,000公升 (2)3000個600cc的寶特瓶 (3)1立方公尺的水量 (4)3立方公尺的水量。

81. ( ) 臺灣在一年中什麼時期會比較缺水(即枯水期)? (3)
(1)6月至9月 (2)9月至12月 (3)11月至次年4月 (4)臺灣全年不缺水。

82. ( ) 下列何種現象「不是」直接造成台灣缺水的原因? (4)
(1)降雨季節分佈不平均,有時候連續好幾個月不下雨,有時又會下起豪大雨 (2)地形山高坡陡,所以雨一下很快就會流入大海 (3)因為民生與工商業用水需求量都愈來愈大,所以缺水季節很容易無水可用 (4)台灣地區夏天過熱,致蒸發量過大。

83. ( ) 冷凍食品該如何讓它退冰,才是既「節能」又「省水」? (3)
(1)直接用水沖食物強迫退冰 (2)使用微波爐解凍快速又方便 (3)烹煮前盡早拿出來放置退冰 (4)用熱水浸泡,每5分鐘更換一次。

84. ( ) 洗碗、洗菜用何種方式可以達到清洗又省水的效果? (2)
(1)對著水龍頭直接沖洗,且要盡量將水龍頭開大才能確保洗的乾淨 (2)將適量的水放在盆槽內洗濯,以減少用水 (3)把碗盤、菜等浸在水盆裡,再開水龍頭拼命沖水 (4)用熱水及冷水大量交叉沖洗達到最佳清洗效果。

85. ( ) 解決台灣水荒（缺水）問題的無效對策是 (1)興建水庫、蓄洪（豐）濟枯 (2)全面節約用水 (3)水資源重複利用，海水淡化…等 (4)積極推動全民體育運動。 (4)

86. ( ) 如下圖，你知道這是什麼標章嗎？

(1)奈米標章 (2)環保標章 (3)省水標章 (4)節能標章。 (3)

87. ( ) 澆花的時間何時較為適當，水分不易蒸發又對植物最好？ (1)正中午 (2)下午時段 (3)清晨或傍晚 (4)半夜十二點。 (3)

88. ( ) 下列何種方式沒有辦法降低洗衣機之使用水量，所以不建議採用？ (1)使用低水位清洗 (2)選擇快洗行程 (3)兩、三件衣服也丟洗衣機洗 (4)選擇有自動調節水量的洗衣機。 (3)

89. ( ) 有關省水馬桶的使用方式與觀念認知，下列何者是錯誤的？ (1)選用衛浴設備時最好能採用省水標章馬桶 (2)如果家裡的馬桶是傳統舊式，可以加裝二段式沖水配件 (3)省水馬桶因為水量較小，會有沖不乾淨的問題，所以應該多沖幾次 (4)因為馬桶是家裡用水的大宗，所以應該儘量採用省水馬桶來節約用水。 (3)

90. ( ) 下列的洗車方式，何者「無法」節約用水？ (1)使用有開關的水管可以隨時控制出水 (2)用水桶及海綿抹布擦洗 (3)用大口徑強力水注沖洗 (4)利用機械自動洗車，洗車水處理循環使用。 (3)

91. ( ) 下列何種現象「無法」看出家裡有漏水的問題？ (1)水龍頭打開使用時，水表的指針持續在轉動 (2)牆面、地面或天花板忽然出現潮濕的現象 (3)馬桶裡的水常在晃動，或是沒辦法止水 (4)水費有大幅度增加。 (1)

92. ( ) 蓮蓬頭出水量過大時，下列對策何者「無法」達到省水？ (1)換裝有省水標章的低流量（5~10 L/min）蓮蓬頭 (2)淋浴時水量開大，無需改變使用方法 (3)洗澡時間盡量縮短，塗抹肥皂時要把蓮蓬頭關起來 (4)調整熱水器水量到適中位置。 (2)

93. ( ) 自來水淨水步驟，何者是錯誤的？ (1)混凝 (2)沉澱 (3)過濾 (4)煮沸。 (4)

94. ( ) 為了取得良好的水資源，通常在河川的哪一段興建水庫？ (1)上游 (2)中游 (3)下游 (4)下游出口。 (1)

95. ( ) 台灣是屬缺水地區，每人每年實際分配到可利用水量是世界平均值的約多少？ (1)1/2 (2)1/4 (3)1/5 (4)1/6。 (4)

96. ( ) 台灣年降雨量是世界平均值的 2.6 倍，卻仍屬缺水地區，下列何者不是真正缺水的原因？ (3)
(1)台灣由於山坡陡峻，以及颱風豪雨雨勢急促，大部分的降雨量皆迅速流入海洋　(2)降雨量在地域、季節分佈極不平均　(3)水庫蓋得太少　(4)台灣自來水水價過於便宜。

97. ( ) 電源插座堆積灰塵可能引起電氣意外火災，維護保養時的正確做法是？ (3)
(1)可以先用刷子刷去積塵　(2)直接用吹風機吹開灰塵就可以了　(3)應先關閉電源總開關箱內控制該插座的分路開關，然後再清理灰塵　(4)可以用金屬接點清潔劑噴在插座中去除銹蝕。

98. ( ) 溫室氣體易造成全球氣候變遷的影響，下列何者不屬於溫室氣體？ (4)
(1)二氧化碳（CO_2）　(2)氫氟碳化物（HFCs）　(3)甲烷（CH_4）　(4)氧氣（O_2）。

99. ( ) 就能源管理系統而言，下列何者不是能源效率的表示方式？ (4)
(1)汽車－公里/公升　(2)照明系統－瓦特/平方公尺（W/m^2）　(3)冰水主機－千瓦/冷凍噸（kW/RT）　(4)冰水主機－千瓦（kW）。

100. ( ) 某工廠規劃汰換老舊低效率設備，以下何種做法並不恰當？ (3)
(1)可考慮使用較高效率設備產品　(2)先針對老舊設備建立其「能源指標」或「能源基線」　(3)唯恐一直浪費能源，未經評估就馬上將老舊設備汰換掉　(4)改善後需進行能源績效評估。

90011 資訊相關職類共用工作項目

工作項目 01：電腦硬體架構

1. ( ) 在量販店內，商品包裝上所貼的「條碼(Barcode)」係協助結帳及庫存盤點之用，則該條碼在此方面之資料處理作業上係屬於下列何者？
   (1)輸入設備 (2)輸入媒體 (3)輸出設備 (4)輸出媒體。   (2)

2. ( ) 有關「CPU 及記憶體處理」之說明，下列何者「不正確」？
   (1)控制單元負責指揮協調各單元運作 (2)I/O 負責算術運算及邏輯運算 (3)ALU 負責算術運算及邏輯運算 (4)記憶單元儲存程式指令及資料。   (2)

3. ( ) 有關二進位數的表示法，下列何者「不正確」？
   (1)101 (2)1A (3)1 (4)11001。   (2)

   解析 2 進位制僅用 0 與 1 表達，1A 是 16 位進位制。

4. ( ) 負責電腦開機時執行系統自動偵測及支援相關應用程式，具輸入輸出功能的元件為下列何者？
   (1)DOS (2)BIOS (3)I/O (4)RAM。   (2)

   解析 軟丙項 1-111

5. ( ) 在處理器中位址匯流排有 32 條，可以定出多少記憶體位址？
   (1)512MB (2)1GB (3)2GB (4)4GB。   (4)

   解析 CPU 對記憶體單向輸出的排線，負責傳送位址，位址匯流排可決定主記憶體的最大記憶體容量。如果位址匯流排有 N 條排線（N 位元），則主記憶體最大可定址到 2^N 個記憶體位址，而一個記憶體位址可存放一個位元組(Byte)，因此主記憶體有 2^N Bytes 的記憶體空間。所以本題有 32 條換算 2^{32} Bytes= $2^2 * 2^{30}$ Bytes= 4GBytes 記憶體空間。
   軟丙項 1-211(類)

6. ( ) 下列何者屬於揮發性記憶體？
   (1)Hard Disk (2)Flash Memory (3)ROM (4)RAM。   (4)

   解析 所謂揮發性記憶體是指當電源消失時，其記憶體內容即消失，RAM 隨機存取記憶體屬揮發性記憶體。
   Hard Disk 硬碟、Flash Memory 快閃記憶體(如常見的 USB 隨身碟)及 ROM 唯讀記憶體均非揮發性記憶體。

7. ( ) 下列技術何者為一個處理器中含有兩個執行單元，可以同時執行兩個並行執行緒，以提升處理器的運算效能與多工作業的能力？
   (1)超執行緒(Hyper Thread) (2)雙核心(Dual Core) (3)超純量(Super Scalar) (4)單指令多資料(Single Instruction Multiple Data)。   (2)

8. ( ) 下列技術何者為將一個處理器模擬成多個邏輯處理器,以提升程式執行之效能? (1)超執行緒(Hyper Thread) (2)雙核心(Dual Core) (3)超純量(Super Scalar) (4)單指令多資料(Single Instruction Multiple Data)。 (1)

9. ( ) 有關記憶體的敘述,下列何者「不正確」? (1)CPU 中的暫存器執行速度比主記憶體快 (2)快取磁碟(Disk Cache)是利用記憶體中的快取記憶體(Cache Memory)來存放資料 (3)在系統軟體中,透過軟體與輔助儲存體來擴展主記憶體容量,使數個大型程式得以同時放在主記憶體內執行的技術是虛擬記憶體(Virtual Memory) (4)個人電腦上大都有 Level1(L1)及 Level2(L2)快取記憶體(Cache Memory),其中 L1 快取的速度較快,但容量較小。 (2)

> **解析** Disk Cache 磁碟快取是為了減少 CPU 透過 I/O 讀寫磁碟機的次數,提昇磁碟讀寫效率,用一塊記憶體來暫存讀寫較頻繁的磁碟內容。

10. ( ) 有關電腦衡量單位之敘述,下列何者「不正確」? (1)衡量印表機解析度的單位是 DPI(Dots Per Inch) (2)磁帶資料儲存密度的單位是 BPI(Bytes Per Inch) (3)衡量雷射印表機列印速度的單位是 PPM(Pages Per Minute) (4)通訊線路傳輸速率的單位是 BPS(Bytes Per Second)。 (4)

> **解析** 電腦的數位通訊線路傳輸速率的單位通常是位元計算,應為 bit per second,代表每秒可以傳送幾個位元,也就是每秒可以傳送幾個 0 或 1。

11. ( ) 有關電腦儲存資料所需記憶體的大小排序,下列何者正確? (1)1TB>1GB>1MB>1KB (2)1KB>1GB>1MB>1TB (3)1GB>1MB>1TB>1KB (4)1TB>1KB>1MB>1GB。 (1)

12. ( ) 以微控制器為核心,並配合適當的周邊設備,以執行特定功能,主要是用來控制、監督或輔助特定設備的裝置,其架構仍屬於一種電腦系統(包含處理器、記憶體、輸入與輸出等硬體元素),目前最常見的應用有 PDA、手機及資訊家電,這種系統稱為下列何者? (1)伺服器系統 (2)嵌入式系統 (3)分散式系統 (4)個人電腦系統。 (2)

13. ( ) 有 A,B 兩個大小相同的檔案,A 檔案儲存在硬碟連續的位置,而 B 檔案儲存在硬碟分散的位置,因此 A 檔案的存取時間比 B 檔案少,下列何者為主要影響因素? (1)CPU 執行時間(Execution Time) (2)記憶體存取時間(Memory Access Time) (3)傳送時間(Transfer Time) (4)搜尋時間(Seek Time)。 (4)

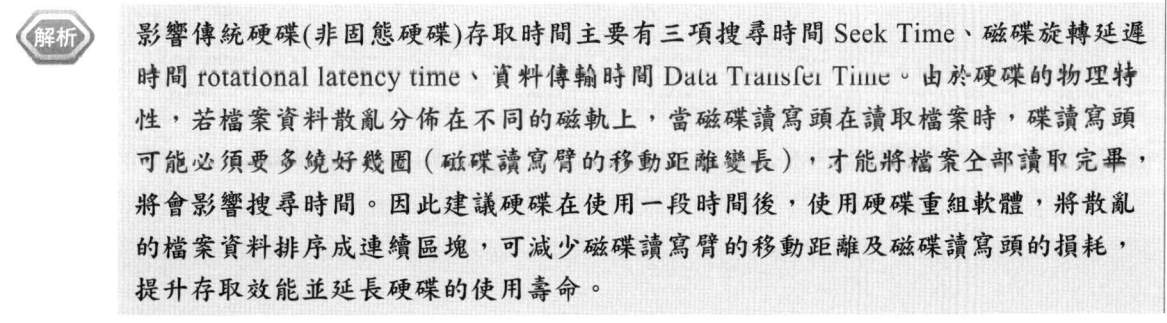

> **解析** 影響傳統硬碟(非固態硬碟)存取時間主要有三項搜尋時間 Seek Time、磁碟旋轉延遲時間 rotational latency time、資料傳輸時間 Data Transfer Time。由於硬碟的物理特性,若檔案資料散亂分佈在不同的磁軌上,當磁碟讀寫頭在讀取檔案時,碟讀寫頭可能必須要多繞好幾圈(磁碟讀寫臂的移動距離變長),才能將檔案全部讀取完畢,將會影響搜尋時間。因此建議硬碟在使用一段時間後,使用硬碟重組軟體,將散亂的檔案資料排序成連續區塊,可減少磁碟讀寫臂的移動距離及磁碟讀寫頭的損耗,提升存取效能並延長硬碟的使用壽命。

14. ( ) 有關資料表示,下列何者「不正確」? (3)
(1)1Byte = 8bits (2)1KB = 2^{10}Bytes (3)1MB = 2^{15}Bytes (4)1GB = 2^{30}Bytes。

解析 1KB=1024Bytes=2^{10}Bytes
1MB=1024*1024Bytes=$2^{10}*2^{10}$Bytes=2^{20}Bytes
1GB=1024*1024*1024Bytes=$2^{10}*2^{10}*2^{10}$Bytes=2^{30}Bytes

15. ( ) 有關資料儲存媒體之敘述,下列何者正確? (4)
(1)儲存資料之光碟片,可以直接用餐巾紙沾水以同心圓擦拭,以保持資料儲存良好狀況 (2)MO(Magnetic Optical)光碟機所使用的光碟片,外型大小及儲存容量均與CD-ROM相同 (3)RAM是一個經設計燒錄於硬體設備之記憶體 (4)可消除及可規劃之唯讀記憶體的縮寫為EPROM。

解析 EPROM是Erasable(可消除) Programmable(可規劃或可程式) Read Only Memory的縮寫,只可以由紫外線抹去記憶體內部資料並可以再次重新載入新的程式或資料。

16. ( ) 下列何者為RAID(Redundant Array of Independent Disks)技術的主要用途? (1)
(1)儲存資料 (2)傳輸資料 (3)播放音樂 (4)播放影片。

解析 RAID(Redundant Array of Independent Disks:磁碟陣列)組合2個以上硬碟,成為一個磁碟陣列組,增強資料整合度,增強容錯功能,增加處理量或容量。

17. ( ) 硬碟的轉速會影響下列何者磁碟機在讀取檔案時所需花的時間? (1)
(1)旋轉延遲(Rotational Latency) (2)尋找時間(Seek Time) (3)資料傳輸(Transfer Time) (4)磁頭切換(Head Switching)。

解析 影響傳統硬碟(非固態硬碟)存取時間主要有三項搜尋時間Seek Time、磁碟旋轉延遲時間rotational latency time、資料傳輸時間Data Transfer Time。由於硬碟的物理特性,當磁碟讀寫頭在讀取檔案時,硬碟必須旋轉及配合磁碟讀寫臂的移動,碟讀寫頭才能將檔案全部讀取完畢,因此硬碟的轉速將會影響旋轉延遲時間。

18. ( ) 微處理器與外部連接之各種訊號匯流排,何者具有雙向流通性? (3)
(1)控制匯流排 (2)狀態匯流排 (3)資料匯流排 (4)位址匯流排。

解析 控制匯流排:單向流通或稱單工
資料匯流排:雙向流通或稱雙工
位址匯流排:單向流通或稱單工
軟丙項1-70

19. ( ) 下列何者是「美國標準資訊交換碼」的簡稱? (3)
(1)IEEE (2)CNS (3)ASCII (4)ISO。

解析 全文及中文說明如下:
IEEE:Institute of Electrical and Electronics Engineers,電機電子工程師學會
CNS:National Standards of the Republic of China,中華民國國家標準
ASCII:American Standard Code for Information Interchange,美國標準資訊交換碼
ISO:International Organization for Standardization,國際標準化組織

20. ( ) 下列何者內建於中央處理器(CPU)做為 CPU 暫存資料，以提升電腦的效能？ (1)
(1)快取記憶體(Cache)　(2)快閃記憶體(Flash Memory)　(3)靜態隨機存取記憶體(SRAM)　(4)動態隨機存取記憶體(DRAM)。

工作項目 02：網路概論與應用

1. ( ) 下列何者為制定網際網路(Internet)相關標準的機構？ (1)
   (1)IETF　(2)IEEE　(3)ANSI　(4)ISO。

   解析 IETF 網際網路工程任務組（Internet Engineering Task Force）負責開發和推廣網際網路標準（Internet Standard，英文縮寫為 STD）的國際組織。

2. ( ) 下列何者為專有名詞「WWW」之中文名稱？ (3)
   (1)區域網路　(2)網際網路　(3)全球資訊網　(4)社群網路。

3. ( ) 下列何者不是合法的 IP 位址？ (4)
   (1)120.80.40.20　(2)140.92.1.50　(3)192.83.166.5　(4)258.128.33.24。

   解析 IPv4 的有效表示範圍為 0~255.0~255.0~255.0~255

4. ( ) 有關網際網路之敘述，下列何者「不正確」？ (1)
   (1)IPv4 之子網路與 IPv6 之子網路只要兩端直接以傳輸線相連即可互相傳送資料　(2)IPv4 之位址可以被轉化為 IPv6 之位址　(3)IPv6 之位址有 128 位元　(4)IPv4 之位址有 32 位元。

5. ( ) 在 OSI(Open System Interconnection)通信協定中，電子郵件的服務屬於下列哪一層？ (4)
   (1)傳送層(Transport Layer)　(2)交談層(Session Layer)　(3)表示層(Presentation Layer)　(4)應用層(Application Layer)。

6. ( ) 有關藍牙(Bluetooth)技術特性之敘述，下列何者「不正確」？ (4)
   (1)傳輸距離約 10 公尺　(2)低功率　(3)使用 2.4GHz 頻段　(4)傳輸速率約為 10Mbps。

   解析 藍牙(Bluetooth)5.1 版最大傳輸速度 48Mbs，傳輸距離 300 公尺。

7. ( ) 有關網際網路協定之敘述，下列何者「不正確」？ (2)
   (1)TCP 是一種可靠傳輸　(2)HTTP 是一種安全性的傳輸　(3)HTTP 使用 TCP 來傳輸資料　(4)UDP 是一種不可靠傳輸。

   解析 HTTP 是無加密非安全性傳輸，HTTPS 是 SSL 加密安全傳輸協定。

8. ( ) 下列何者是較為安全的加密傳輸協定？ (1)
   (1)SSH　(2)HTTP　(3)FTP　(4)SMTP。

   解析 SSH(Secure Shell)是一種加密的網絡傳輸協議，為網路服務提供安全的傳輸環境。使用者可以以加密的形式，遠端控制電腦、傳輸檔案。

9. ( ) 物聯網(IoT)通訊物件通常具備移動性，為支援這樣的通訊特性，需求的網路技術主要為下列何者？
(1)分散式運算 (2)網格運算 (3)跨網域運算能力 (4)物件動態連結。 (4)

10. ( ) 若電腦教室內的電腦皆以雙絞線連結至某一台集線器上，則此種網路架構為下列何者？
(1)星狀拓樸 (2)環狀拓樸 (3)匯流排拓樸 (4)網狀拓樸。 (1)

11. ( ) 下列設備，何者可以讓我們在只有一個 IP 的狀況下，提供多部電腦上網？
(1)集線器(Hub) (2)IP 分享器 (3)橋接器(Bridge) (4)數據機(Modem)。 (2)

12. ( ) 當一個區域網路過於忙碌，打算將其分開成兩個子網路時，此時應加裝下列何種裝置？
(1)路徑器(Router) (2)橋接器(Bridge) (3)閘道器(Gateway) (4)網路連接器(Connector)。 (2)

13. ( ) 下列何種電腦通訊傳輸媒體之傳輸速度最快？
(1)同軸電纜 (2)雙絞線 (3)電話線 (4)光纖。 (4)

解析 軟丙項 1-99

14. ( ) 下列何者為真實的 MAC(Media Access Control)位址？
(1)00:05:J6:0D:91:K1 (2)10.0.0.1-255.255.255.0 (3)00:05:J6:0D:91:B1 (4)00:D0:A0:5C:C1:B5。 (4)

解析 MAC 位址共 48 位元（6 個位元組），以十六進位表示。前 24 位元由 IEEE 決定如何分配，後 24 位元由實際生產該網路裝置的廠商自行指定。

15. ( ) 下列何種 IEEE Wireless LAN 標準的傳輸速率最低？
(1)802.11a (2)802.11b (3)802.11g (4)802.11n。 (2)

解析 IEEE Wireless LAN 標準傳輸速率，如下表

標準	頻帶	傳輸速率	傳輸距離
IEEE 802.11b	2.4 GHz	11 Mbps	100公尺
IEEE 802.11a	5 GHz	54 Mbps	50公尺
IEEE 802.11g	2.4 GHz	54 Mbps	100公尺
IEEE 802.11n	2.4 GHz 5 GHz	MAX600Mbps	100公尺

16. ( ) NAT(Network Address Translation)的用途為下列何者？
(1)電腦主機與 IP 位址的轉換 (2)IP 位址轉換為實體位址 (3)組織內部私有 IP 位址與網際網路合法 IP 位址的轉換 (4)封包轉送路徑選擇。 (3)

17. ( ) 下列何種服務可將 Domain Name 對應為 IP 位址？
(1)WINS (2)DNS (3)DHCP (4)Proxy。 (2)

> **解析** WINS：Windows Internet Name Service 其目的用來解決在路由環境中解析 NetBIOS 名稱的問題，WINS 是 NetBIOS 名稱解析解決方案，是由微軟公司所發展出來的一種網路名稱轉換服務，WINS 可以將 NetBIOS 電腦名稱轉換為對應的 IP 位址。
> DNS：Domain Name System(或 Service)，領域名稱(Domain name)與位址(IP address)相互之間的轉換。
> DHCP：負責動態分配 IP 位址，當網路中有任何一台電腦要連線時，向 DHCP 伺服器要求一組 IP 位址，DHCP 伺服器會從資料庫中找出一個目前尚未被使用的 IP 位址提供給該電腦使用，使用完畢後電腦再將這個 IP 位址還給 DHCP 伺服器，提供給其他上線的電腦使用。
> Proxy：在 WWW 上，提供其他網頁伺服器之資料項目（存取慢或較貴）的快取功能的一種處理。
> 軟丙項 1-61

18. ( ) 下列何者不是 NFC(Near Field Communication)的功用？ (3)
(1)電子錢包　(2)電子票證　(3)行車導航　(4)資料交換。

> **解析** 行車導航是利用 GPS 全球定位系統及 GIS 地理資訊系統。

19. ( ) 有關 xxx@abc.edu.tw 之敘述，下列何者「不正確」？ (2)
(1)它代表一個電子郵件地址　(2)若為了方便，可以省略@　(3)xxx 代表一個電子郵件帳號　(4)abc.edu.tw 代表某個電子郵件伺服器。

20. ( ) 有關 OTG(On-The-Go)之敘述，下列何者正確？ (3)
(1)可以將兩個隨身碟連接複製資料　(2)可以提昇隨身碟資料傳送之速度　(3)可以將隨身碟連接到手機，讓手機存取隨身碟之資料　(4)可以讓隨身碟直接透過 WiFi 傳送資料到雲端。

21. ( ) 根據美國國家標準與技術研究院(NIST)對雲端的定義，下列何者「不是」雲端運算(Cloud Computing)之服務模式？ (1)
(1)內容即服務（Content as a Service, CaaS）　(2)基礎架構即服務（Infrastructure as a Service, IaaS）　(3)平台即服務（Platform as a Service, PaaS）　(4)軟體即服務（Software as a Service, SaaS）。

22. ( ) 下列何種雲端服務可供使用者開發應用軟體？ (2)
(1)Software as a Service (SaaS)　(2)Platform as a Service (PaaS)　(3)Information as a Service (IaaS)　(4)Infrastructure as a Service (IaaS)。

23. ( ) 下列何者為「B2C」電子商務之交易模式？ (4)
(1)公司對公司　(2)客戶對公司　(3)客戶對客戶　(4)公司對客戶。

24. ( ) 下列何者為 Class A 網路的內定子網路遮罩？ (1)
(1)255.0.0.0　(2)255.255.0.0　(3)255.255.255.0　(4)255.255.255.255。

25. ( ) IPv6 網際網路上的 IP address，每個 IP address 總共有幾個位元組？ (3)
(1)4Bytes　(2)8Bytes　(3)16Bytes　(4)20Bytes。

> **解析** IPv6 共有 128bits = 16 byte。(1 byte = 8 bits)

26. ( ) 下列何者為 DHCP 伺服器之功能？ (4)
    (1)提供網路資料庫的管理功能　(2)提供檔案傳輸的服務　(3)提供網頁連結的服務
    (4)動態的分配 IP 給使用者使用。

    解析 DHCP：負責動態分配 IP 位址，當網路中有任何一台電腦要連線時，向 DHCP 伺服器要求一組 IP 位址，DHCP 伺服器會從資料庫中找出一個目前尚未被使用的 IP 位址提供給該電腦使用，使用完畢後電腦再將這個 IP 位址還給 DHCP 伺服器，提供給其他上線的電腦使用。

27. ( ) 有關乙太網路(Ethernet)之敘述，下列何者「不正確」？ (3)
    (1)是一種區域網路　(2)採用 CSMA/CD 的通訊協定　(3)網路長度可至 2500 公尺
    (4)傳送時不保證服務品質。

    解析 採用雙絞線的乙太網路，傳輸距離大約在 100 公尺以內。現今高速乙太網路採用光纖的傳輸距離可達 40 公里遠。

28. ( ) 一個 Class C 類型網路可用的主機位址有多少個？ (1)
    (1)254　(2)256　(3)128　(4)524。

29. ( ) 下列何者為正確的 Internet 服務及相對應的預設通訊埠？ (3)
    (1)TELNET：21　(2)FTP：23　(3)STMP：25　(4)HTTP：82。

    解析

通訊協定	http	ftp	Telent	SMTP	POP3
埠號	80	21	23	25	110

工作項目 03：作業系統

1. ( ) 有關使用直譯程式(Interpreter)將程式翻譯成機器語言之敘述，下列何者正確？ (2)
   (1)直譯程式(Interpreter)與編譯程式(Compiler)翻譯方式一樣　(2)直譯程式每次轉譯一行指令後即執行　(3)直譯程式先執行再翻譯成目的程式
   (4)直譯程式先翻譯成目的程式，再執行之。

2. ( ) 編譯程式(Compiler)將高階語言翻譯至可執行的過程中，下列何者是連結程式 (1)
   (Linker)負責連結的標的？
   (1)目的程式與所需之副程式　(2)原始程式與目的程式　(3)副程式與可執行程式
   (4)原始程式與可執行程式。

3. ( ) Linux 是屬何種系統？ (2)
   (1)應用系統(Application Systems)　(2)作業系統(Operation Systems)
   (3)資料庫系統(Database Systems)　(4)編輯系統(Editor Systems)。

4. ( ) 下列何種作業系統沒有圖形使用者操作介面？ (4)
   (1)Linux　(2)Windows Server　(3)MacOS　(4)MS-DOS。

   解析 MS-DOS 屬單人單工作業系統，文字指令操作介面。

5. ( ) 下列何者「不是」多人多工之作業系統？ (3)
   (1)Linux　(2)Solaris　(3)MS-DOS　(4)Windows Server。

6. ( ) 下列何者為 Linux 作業系統之「系統管理者」的預設帳號？ (3)
(1)administrator (2)manager (3)root (4)supervisor。

7. ( ) Windows 登入時，若鍵入的密碼其「大小寫不正確」會導致下列何種結果？ (3)
(1)仍可以進入 Windows (2)進入 Windows 的安全模式 (3)要求重新輸入密碼
(4)Windows 將先關閉，並重新開機。

8. ( ) 下列何種技術是利用硬碟空間來解決主記憶體空間之不足？ (3)
(1)分時技術(Time Sharing) (2)同步記憶體(Concurrent Memory) (3)虛擬記憶體
(Virtual Memory) (4)多工技術(Multitasking)。

9. ( ) 電腦中負責資源管理的軟體是下列何種？ (4)
(1)編譯程式(Compiler) (2)公用程式(Utility) (3)應用程式(Application) (4)作業
系統(OperatingSystem)。

10. ( ) 下列何者為 Linux 系統所採用的檔案系統？ (2)
(1)NTFS (2)XFS (3)HTFS (4)vms。

> 解析
> NTFS：Windows 的檔案系統
> XFS：Linux 的檔案系統

工作項目 04：資訊運算思維

1. ( ) 下列流程圖所對應的 C/C++ 指令為何？ (1)
(1)do...while (2)while (3)switch...case (4)if...then...else。

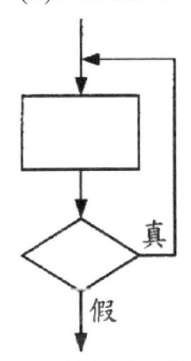

> 解析
> 後判斷用 do...while。

2. ( ) 下列流程圖所對應的 C/C++ 指令為何？ (4)
(1)do...while (2)while (3)switch...case (4)if...then...else。

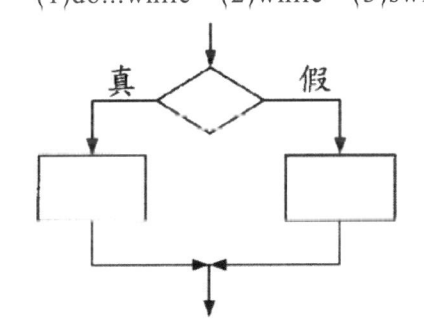

3. ( ) 下列流程圖所對應的 C/C++指令為何？ (2)
(1)do...while (2)while (3)switch...case (4)if...then...else。

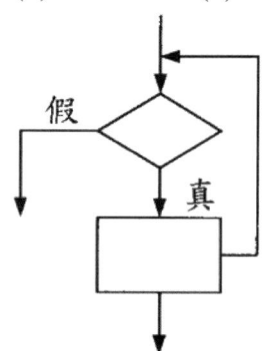

解析 先判斷用 while。

4. ( ) 下列流程圖所對應的 C/C++程式為何？ (2)

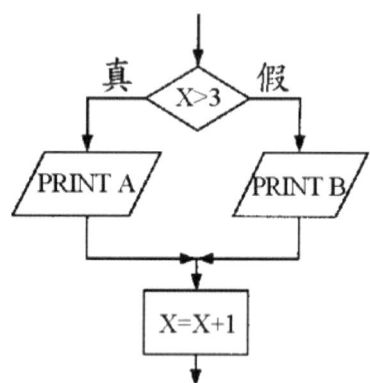

(1)
X>3? cout<<B:cout<<A;
X=X+1

(2)
if (X>3) cout<<A; **else** cout<<B;
X=X+1;

(3)
```
switch(X) {
    case 1: cout<<A;
    case 2: cout<<A;
    case 3: cout<<A;
    default: cout<<B;
```

(4)
```
while (X>3) cout<<A;
cout<<B;
X=X+1;
```

5. ( ) 下列 C/C++程式片段之敘述，何者正確？ (3)
(1)輸入三個變數 (2)找出輸入數值最小值 (3)找出輸入數值最大值
(4)輸出結果為 the out put is:c。

```
int a,b,c;
cin>>a;
cin>>b;
c=a;
if(b>c)
    c=b;
cout<<"the output is:"<<c;
```

6. ( ) 下列何者「不是」C/C++語言基本資料型態？ (3)
(1)void　(2)int　(3)main　(4)char。

> **解析** main 是主要(main)函式，是指程式執行的起點。

7. ( ) 下列何者在 C/C++語言中視為 false？ (3)
(1)-100　(2)-1　(3)0　(4)1。

> **解析** true 視為 1，false 視為 0。

8. ( ) 有關 C/C++語言中變數及常數之敘述，下列何者「不正確」？ (4)
(1)變數用來存放資料，以利程式執行，可以是整數、浮點、字串的資料型態
(2)程式中可以操作、改變變數的值　(3)常數存放固定數值，可以是整數、浮點、字串的資料型態　(4)程式中可以操作、改變常數值。

9. ( ) 下列 C/C++程式片段，何者敘述正確？ (3)
(1)小括號應該改成大括號　(2)sum=sum+30;必須使用大括號括起來　(3)While 應該改成 while　(4)While (sum＜=1000)之後應該要有分號。
```
While (sum <= 1000)
    sum = sum + 30;
```

> **解析** 建議正確語法如下：
> while (sum<=1000) {sum = sum + 30;}

10. ( ) 有關 C/C++語言結構控制語法，下列何者正確？ (3)
(1)while (x＞0) do {y=5;}　(2)for (x＜10) {y=5;}　(3)while (x＞0 || x＜5) {y=5;}
(4)do (x＞0) {y=5} while (x＜1)。

> **解析** 建議正確語法如下：
> (1)while (x＞0) {y=5;}
> (2)while (x＜10) {y=5;}
> (4)do {y=5} while (x＜1);

11. ( ) C/C++語言指令 switch 的流程控制變數「不可以」使用何種資料型態？ (4)
(1)char　(2)int　(3)byte　(4)double。

12. ( ) C/C++語言中限定一個主體區塊，使用下列何種符號？ (4)
(1)()　(2)/**/　(3)""　(4){}。

13. ( ) 下列 C/C++程式片段，輸出結果何者正確？ (4)
(1)1　(2)2　(3)3　(4)4。
```
int x -3;
int a[] = {1,2,3,4};
int *z;
z = a;
z = z + x;
cout << *z << "\n";
```

14. (　) 下列 C/C++程式片段，輸出結果何者正確？ (3)

    (1)1　(2)2　(3)3　(4)4。
    ```
    int x =3;
    int a[] = {1,2,3,4};
    int *z;
    z = &x;
    cout << *z << "\n";
    ```

15. (　) 下列 C/C++程式片段，若 x=2，則 y 值為何？ (4)

    (1)2　(2)3　(3)7　(4)9。
    ```
    int y = !(12 < 5 || 3 <= 5 && 3>x)?7:9;
    ```

16. (　) 下列 C/C++程式片段，其 x 之輸出結果何者正確？ (3)

    (1)2　(2)3　(3)4　(4)5。
    ```
    int x;
    x = (5 <= 3 && 'A' < 'F')?3:4
    ```

17. (　) 下列 C/C++程式片段，執行後 x 值為何？ (2)

    (1)0　(2)1　(3)2　(4)3。
    ```
    int a=0, b=0, c=0;
    int x=(a<b+4);
    ```

18. (　) 下列 C/C++程式片段，f(8,3)輸出為何？ (2)

    (1)3　(2)5　(3)8　(4)11。
    ```
    int (f(int x, inty){
        if(x == y) return 0;
        else return f(x-1, y) +1;
    }
    ```

19. (　) 對於下列 C/C++程式，何者敘述正確？ (3)

    (1)將 a 及 b 兩矩陣相加後，儲存至 c 矩陣　(2)若 a[2][2]={{1,2},{3,4}}及 b[2][2]={{1,0},{2,-3}}，執行結束後 c[2][2]={{5,6},{11,12}}　(3)若 a 及 b 均為 2x2 矩陣，最內層 for 迴圈執行 8 次　(4)若 a 及 b 均為 2x2 矩陣，最外層 for 迴圈執行 4 次。
    ```
    for (i=0;i<=m-1;i++){
        for (j=0;j<=p-1;j++){
            c[i][j]=0;
            for (k=0;k<=n-1;k++){
                0[i][j]=c[i][j]+a[i][k]*b[k][j];
            }
        }
    }
    ```

20. ( ) 對於下列 C/C++程式片段，何者敘述有誤？ (3)
    (1)程式輸出為 4x+-3y+8=0　(2)若(x1,x2)及(y1,y2)視為兩個二維平面座標，程式功能為計算直線方程式　(3)若(x1,x2)及(y1,y2)視為兩個二維平面座標，則直線方程式的斜率為 $\frac{-4}{3}$　(4)若(x1,x2),(y1,y2)及(5,4)視為三個二維平面座標，則會構成一個直角三角形。
    ```
    x1=1;y1=4;
    x2=6;y2=8;
    a=y2-y1;
    b=x2-x1;
    c=-a*x1+b*y1;
    cout<<a<<"x+"<<-b<<"y+"<<c<<"=0";
    ```

解析 y=(4/3)x+(8/3)，斜率為 4/3。

工作項目 05：資訊安全

1. ( ) 有關電腦犯罪之敘述，下列何者「不正確」？ (1)
   (1)犯罪容易察覺　(2)採用手法較隱藏　(3)高技術性的犯罪活動　(4)與一般傳統犯罪活動不同。

解析 軟丙項 4-44

2. ( ) 「訂定災害防治標準作業程序及重要資料的備份」是屬何種時期所做的工作？ (2)
   (1)過渡時期　(2)災變前　(3)災害發生時　(4)災變復原時期。

3. ( ) 下列何者為受僱來嘗試利用各種方法入侵系統，以發覺系統弱點的技術人員？ (2)
   (1)黑帽駭客(Black Hat Hacker)　(2)白帽駭客(White Hat Hacker)　(3)電腦蒐證(Collection of Evidence)專家　(4)密碼學(Cryptography)專家。

4. ( ) 下列何種類型的病毒會自行繁衍與擴散？ (1)
   (1)電腦蠕蟲(Worms)　(2)特洛伊木馬程式(Trojan Horses)　(3)後門程式(Trap Door)　(4)邏輯炸彈(Time Bombs)。

5. ( ) 有關對稱性加密法與非對稱性加密法的比較之敘述，下列何者「不正確」？ (3)
   (1)對稱性加密法速度較快　(2)非對稱性加密法安全性較高　(3)RSA 屬於對稱性加密法　(4)使用非對稱性加密法時，每個人各自擁有一對公開金匙與祕密金匙，欲提供認證性時，使用者將資料用自己的祕密金匙加密送給對方，對方再用相對的公開金匙解密。

解析 RSA 屬於非對稱性加密法，非對稱是指利用了兩把不同的鑰匙，一把叫公開金鑰，另一把叫私密金鑰，來進行加解密。

6. ( ) 下列何種資料備份方式只有儲存當天修改的檔案？ (2)
   (1)完全備份　(2)遞增備份　(3)差異備份　(4)隨機備份。

7. ( ) 下列何種入侵偵測系統(Intrusion Detection Systems)是利用特徵(Signature)資料庫及事件比對方式,以偵測可能的攻擊或事件異常? (3)
   (1)主機導向(Host-Based)　　(2)網路導向(Network-Based)
   (3)知識導向(Knowledge-Based)　　(4)行為導向(Behavior-Based)。

8. ( ) 下列何種網路攻擊手法是藉由傳遞大量封包至伺服器,導致目標電腦的網路或系統資源耗盡,服務暫時中斷或停止,使其正常用戶無法存取? (4)
   (1)偷窺(Sniffers)　　(2)欺騙(Spoofing)
   (3)垃圾訊息(Spamming)　　(4)阻斷服務(Denial of Service)。

   解析 軟丙項4-153(類)

9. ( ) 下列何種網路攻擊手法是利用假節點號碼取代有效來源或目的 IP 位址之行為? (2)
   (1)偷窺(Sniffers)　　(2)欺騙(Spoofing)
   (3)垃圾資訊(Spamming)　　(4)阻斷服務(Denial of Service)。

10. ( ) 有關數位簽章之敘述,下列何者「不正確」? (4)
    (1)可提供資料傳輸的安全性　(2)可提供認證　(3)有利於電子商務之推動　(4)可加速資料傳輸。

11. ( ) 下列何者為可正確且及時將資料庫複製於異地之資料庫復原方法? (4)
    (1)異動紀錄(Transaction Logging)
    (2)遠端日誌(Remote Journaling)
    (3)電子防護(Electronic Vaulting)
    (4)遠端複本(Remote Mirroring)。

12. ( ) 字母"B"的 ASCII 碼以二進位表示為"01000010",若電腦傳輸內容為"101000010",以便檢查該字母的正確性,則下列敘述何者正確? (1)
    (1)使用奇數同位元檢查　(2)使用偶數同位元檢查　(3)使用二進位數檢查　(4)不做任何正確性的檢查。

    解析 同位元檢查指檢查傳輸資料的位元數中出現1的個數。奇數同位元檢查是指傳輸資料中出現1是奇數個。

13. ( ) 下列何種方法「不屬於」資訊系統安全的管理? (4)
    (1)設定每個檔案的存取權限　(2)每個使用者執行系統時,皆會在系統中留下變動日誌(Log)　(3)不同使用者給予不同權限　(4)限制每人使用時間。

14. ( ) 有關資訊中心的安全防護措施之敘述,下列何者「不正確」? (4)
    (1)重要檔案每天備份三份以上,並分別存放　(2)加裝穩壓器及不斷電系統　(3)設置煙霧及熱度感測器等設備,以防止災害發生　(4)雖是不同部門,資料也可以任意交流,以便支援合作,順利完成工作。

    解析 資料的分享及傳遞仍須加以規範。
    軟丙項4-65

15. ( ) 有關電腦中心的資訊安全防護措施之敘述,下列何者「不正確」? (4)
    (1)資訊中心的電源設備必須有穩壓器及不斷電系統 (2)機房應選用耐火、絕緣、散熱性良好的材料 (3)需要資料管制室,做為原始資料的驗收、輸出報表的整理及其他相關資料保管 (4)所有備份資料應放在一起以防遺失。

    解析 備份資料應異地保存。

16. ( ) 下列何種檔案類型較不會受到電腦病毒感染? (4)
    (1)含巨集之檔案 (2)執行檔 (3)系統檔 (4)純文字檔。

17. ( ) 有關重要的電腦系統如醫療系統、航空管制系統、戰情管制系統及捷運系統,在設計時通常會考慮當機的回復問題。下列何種方式是一般最常用的做法? (3)
    (1)隨時準備當機時,立即回復人工作業,並時常加以演習 (2)裝設自動控制溫度及防災設備,最重要應有 UPS 不斷電配備 (3)同時裝設兩套或多套系統,以俾應變當機時之轉換運作 (4)與同機型之電腦使用單位或電腦中心訂立應變時之支援合約,以便屆時作支援作業。

18. ( ) 有關資料保護措施,下列敘述何者「不正確」? (4)
    (1)定期備份資料庫 (2)機密檔案由專人保管 (3)留下重要資料的使用紀錄 (4)資料檔案與備份檔案保存在同一磁碟機。

    解析 異地保存。

19. ( ) 如果一個僱員必須被停職,他的網路存取權應在何時關閉? (3)
    (1)停職後一週 (2)停職後二週 (3)給予他停職通知前 (4)不需關閉。

    解析 軟丙項 4-79

20. ( ) 有關資訊系統安全措施,下列敘述何者「不正確」? (2)
    (1)加密保護機密資料 (2)系統管理者統一保管使用者密碼 (3)使用者不定期更改密碼 (4)網路公用檔案設定成「唯讀」。

    解析 軟丙項 4-26 類

21. ( ) 下列何種動作進行時,電源中斷可能會造成檔案被破壞? (4)
    (1)程式正在計算 (2)程式等待使用者輸入資料 (3)程式從磁碟讀取資料 (4)程式正在對磁碟寫資料。

22. ( ) 下列何者「不是」資訊安全所考慮的事項? (2)
    (1)確保資訊內容的機密性,避免被別人偷窺 (2)電腦執行速度 (3)定期做資料備份 (4)確保資料內容的完整性,防止資訊被竄改。

23. ( ) 下列何者「不是」數位簽名的功能? (2)
    (1)證明信件的來源 (2)做為信件分類之用 (3)可檢測信件是否遭竄改 (4)發信人無法否認曾發過信件。

解析 軟丙項 4-70

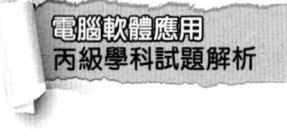

24. ( ) 在網際網路應用程式服務中,防火牆是一項確保資訊安全的裝置,下列何者「不是」防火牆檢查的對象? (2)
    (1)埠號(Port Number) (2)資料內容 (3)來源端主機位址 (4)目的端主機位址。

25. ( ) 有關電腦病毒傳播方式,下列何者正確? (3)
    (1)只要電腦有安裝防毒軟體,就不會感染電腦病毒 (2)病毒不會透過電子郵件傳送 (3)不隨意安裝來路不明的軟體,以降低感染電腦病毒的風險 (4)病毒無法透過即時通訊軟體傳遞。

26. ( ) 有關電腦病毒之敘述,下列何者正確? (4)
    (1)電腦病毒是一種黴菌,會損害電腦組件 (2)電腦病毒入侵電腦之後,在關機之後,病毒仍會留在 CPU 及記憶體中 (3)使用偵毒軟體是避免感染電腦病毒的唯一途徑 (4)電腦病毒是一種程式,可經由隨身碟、電子郵件、網路散播。

解析 關機後,電腦病毒隨做電源關閉,CPU 或記憶體中的程式立即消失。

27. ( ) 有關電腦病毒之特性,下列何者「不正確」? (2)
    (1)具有自我複製之能力 (2)病毒不須任何執行動作,便能破壞及感染系統 (3)病毒會破壞系統之正常運作 (4)病毒會寄生在開機程式。

28. ( ) 下列何種網路攻擊行為係假冒公司之名義發送偽造的網站連結,以騙取使用者登入並盜取個人資料? (2)
    (1)郵件炸彈 (2)網路釣魚 (3)阻絕攻擊 (4)網路謠言。

29. ( ) 下列何種密碼設定較安全? (3)
    (1)初始密碼如 9999 (2)固定密碼如生日 (3)隨機亂碼 (4)英文名字。

30. ( ) 有關資訊安全之概念,下列何者「不正確」? (3)
    (1)將檔案資料設定密碼保護,只有擁有密碼的人才能使用 (2)將檔案資料設定存取權限,例如允許讀取,不准寫入 (3)將檔案資料設定成公開,任何人都可以使用 (4)將檔案資料備份,以備檔案資料被破壞時,可以回存。

31. ( ) 下列何種技術可用來過濾並防止網際網路中未經認可的資料進入內部,以維護個人電腦或區域網路的安全? (1)
    (1)防火牆 (2)防毒掃描 (3)網路流量控制 (4)位址解析。

32. ( ) 網站的網址以「https://」開始,表示該網站具有何種機制? (2)
    (1)使用 SET 安全機制 (2)使用 SSL 安全機制 (3)使用 Small Business 機制 (4)使用 XOOPS 架設機制。

33. ( ) 下列何者「不屬於」電腦病毒的特性？ (1)
(1)電腦關機後會自動消失　(2)可隱藏一段時間再發作　(3)可附在正常檔案中　(4)具自我複製的能力。

> **解析** 軟丙項 4-12(類)

34. ( ) 資訊安全定義之完整性(Integrity)係指文件經傳送或儲存過程中，必須證明其內容 (4)
並未遭到竄改或偽造。下列何者「不是」完整性所涵蓋之範圍？
(1)可歸責性(Accountability)　　　(2)鑑別性(Authenticity)
(3)不可否認性(Non-Repudiation)　(4)可靠性(Reliability)。

35. ( ) 「設備防竊、門禁管制及防止破壞設備」是屬於下列何種資訊安全之要求？ (1)
(1)實體安全　(2)資料安全　(3)程式安全　(4)系統安全。

> **解析**
> 實體安全：硬體實際設備之安全；如電腦機房地點的選定、建築結構及材料的設計、防火防盜及防災設施的裝設、資訊管線管制、門禁管制、消防設備、媒體出入管制、資訊線路之管制及災害應變計劃、設備定期維護、不斷電系統及穩壓器等。
> 資料安全：(1)檔案的備份。(2)檔案保管人與維護人清單。(3)訂定擷取檔案資料權責。(4)檔案機密等級分類。(5)研討檔案遭損壞之風險接受程度。(6)資料的加密及解密。
> 程式(軟體)安全：模組的變更管理、問題管理、個人電腦硬式磁碟使用管理、網路監控管理、線上傳輸異動代號管理、終端機使用權責管理、依職務制定軟體使用權限、特定人員之專用線路及路線接頭控制、密碼的規則與變更期限都包括在內。
> 系統安全：網路作業系統之安全，設定好網路使用者之使用權限，時常監控網路環境的變化，並且定期備份系統重要資訊、安裝防毒軟體，不使用來源不明資料或軟體；架設備份磁碟機，提供系統復原能力資料。

36. ( ) 「將資料定期備份」是屬於下列何種資訊安全之特性？ (1)
(1)可用性　(2)完整性　(3)機密性　(4)不可否認性。

> **解析**
> 現今的資訊安全服務有六大項，身分驗證鑑別性(Authentication)、機密性(Confidentiality)、完整性(Integrity)與不可否認性(Non-repudiation)、可用性(Availability)及存取控制(Access Control)。
> 加密技術可保證四種資訊安全服務：身分驗證鑑別性(Authentication)、機密性(Confidentiality)、完整性(Integrity)與不可否認性(Non-repudiation)。以外，資料定期備份是提供資訊安全服務項目中的可用性的主要技術。可信賴的作業環境、防火牆系統或IC卡提供資訊安全服務項目中的存取控制(Access Control)的主要技術。

37. ( ) 有關非對稱式加解密演算法之敘述，下列何者「不正確」？ (3)
(1)提供機密性保護功能　(2)加解密速度一般較對稱式加解密演算法慢　(3)需將金鑰安全的傳送至對方，才能解密　(4)提供不可否認性功能。

38. ( ) 下列何種機制可允許分散各地的區域網路，透過公共網路安全地連接在一起？ (3)
(1)WAN　(2)BAN　(3)VPN　(4)WSN。

39. ( ) 加密技術「不能」提供下列何種安全服務？ (4)
(1)鑑別性　(2)機密性　(3)完整性　(4)可用性。

> **解析** 加密技術可保證四種資訊安全服務：身分驗證鑑別性(Authentication)、機密性(Confidentiality)、完整性(Integrity)與不可否認性(Non-repudiation)。以外，資料定期備份是提供資訊安全服務項目中的可用性的主要技術。

40. ( ) 有關公開金鑰基礎建設(Public Key Infrastructure, PKI)之敘述，下列何者「不正確」？ (2)
(1)係基於非對稱式加解密演算法　(2)公開金鑰必須對所有人保密　(3)可驗證身分及資料來源　(4)可用私密金鑰簽署將公布之文件。

技術士技能檢定電腦軟體應用丙級學科試題解析

作　　者：林文恭研究室
企劃編輯：郭季柔
文字編輯：江雅鈴
設計裝幀：張寶莉
發 行 人：廖文良

發 行 所：碁峰資訊股份有限公司
地　　址：台北市南港區三重路 66 號 7 樓之 6
電　　話：(02)2788-2408
傳　　真：(02)8192-4433
網　　站：www.gotop.com.tw
書　　號：AER061800
版　　次：2024 年 12 月初版
建議售價：NT$160

國家圖書館出版品預行編目資料

技術士技能檢定電腦軟體應用丙級學科試題解析 / 林文恭研究室著. -- 初版. -- 臺北市：碁峰資訊, 2024.12
　　面；　公分
　ISBN 978-626-324-971-4(平裝)
　1.CST：電腦軟體　2.CST：問題集
312.49022　　　　　　　　　　　　113018450

商標聲明：本書所引用之國內外公司各商標、商品名稱、網站畫面，其權利分屬合法註冊公司所有，絕無侵權之意，特此聲明。

版權聲明：本著作物內容僅授權合法持有本書之讀者學習所用，非經本書作者或碁峰資訊股份有限公司正式授權，不得以任何形式複製、抄襲、轉載或透過網路散佈其內容。
版權所有．翻印必究

本書是根據寫作當時的資料撰寫而成，日後若因資料更新導致與書籍內容有所差異，敬請見諒。若是軟、硬體問題，請您直接與軟、硬體廠商聯絡。